TOTE TECHNIK

EIN WEGWEISER ZU DEN ANTIKEN STÄTTEN VON MORGEN

FOTOS
MANFRED HAMM
HERAUSGEBER
ROLF STEINBERG
EINLEITENDER ESSAY
ROBERT JUNGK

NICOLAISCHE VERLAGSBUCHHANDLUNG BERLIN

LAYOUT: DIETER WINZENS

Umschlagbild: West Side Manhattan/New York City

Satz: Nagel Fototype, Berlin
Offsetlithos: O. R. T. Kirchner & Graser GmbH, Berlin
Druck: Passavia, Passau
Einband: Lüderitz & Bauer, Berlin
Printed in Germany
ISBN 3-87584-093-3 (Leinen)
ISBN 3-87584-096-8 (Broschur)

INHALT

ROBERT JUNGK
DER »RUINEN-KOMPLEX« 7

ROLF STEINBERG
DIE GEMÄUER DES KRIEGES
VERDUN, MAGINOT-LINIE, ATLANTIKWALL 11

ROSTE SANFT
DER »DAMPFFRIEDHOF« VON BARRY DOCKS 29

VERSUNKENE HÄFEN
NEW YORK, BRIGHTON, PORT WINSTON 41

SEEMACHT VON GESTERN
ENGLANDS LETZTE FLUGZEUGTRÄGER 59

RUINEN DER MONTANKRISE
DAS ALTERTUM VON KOHLE UND STAHL 65

DIE NEUEN PYRAMIDEN
AUTOFRIEDHÖFE IN STADT UND LAND 79

TOD IN TUCSON
DER GRÖSSTE FLUGZEUGFRIEDHOF DER WELT 89

FRÜHE STÄTTEN DER WELTRAUMFAHRT
CAPE CANAVERAL NACH APOLLO 103

MORSCHE MEILER
DIE RUINEN DES ATOMSTAATES 119

LITERATUR- UND QUELLENVERZEICHNIS 129

ROBERT JUNGK
DER »RUINEN-KOMPLEX«

1

In den Jahren des mühsamen Wiederaufbaus von Hiroshima wurde eines der wenigen Gebäude, die durch den Abwurf der ersten Atombombe nicht dem Erdboden gleichgemacht worden waren, zum Gegenstand eines heftigen Streites. Es handelte sich um die frühere Ausstellungshalle für Industrieerzeugnisse, deren kahle Kuppel zu einem Wahrzeichen inmitten der Trümmerwüste geworden war. Die Mehrzahl der Bürger, darunter viele Zuzügler aus anderen überfüllten Städten, war der Ansicht, man solle das einzigartige Unglück, das der Stadt am 6. August 1945 zugestoßen war, so schnell wie möglich vergessen. Der ständige Anblick dieser ausgebrannten Hülle würde das verhindern. Die »hibakusha", übriggelassene Menschenruinen, denen der Strahlentod auf den Fersen war, wollten den steinernen Zeugen aus genau demselben Grunde erhalten. »Es darf nie wieder geschehen« – an diese Parole, die in den grauen Grabstein für beinahe hunderttausend Tote gemeißelt worden war, sollten die rauchschwarzen Reste des ehemaligen Repräsentativbaus erinnern, der noch aus den fortschrittsfrohen, fortschrittsblinden Jahren kurz vor dem Ersten Weltkrieg stammte.

Die Verteidiger des Mahnmals haben sich schließlich zwar durchgesetzt, aber dennoch nicht erreicht, was sie wollten. Denn der »Atomic Dome«, wie die Reiseführer und »Sightseer« aus aller Welt das alte Gemäuer nennen, wirkt nicht abschreckend, sondern nur pittoresk. Keine grauenvollen Erinnerungen löst sein Anblick aus, sondern voyeuristische Empfindungen, jene perversen »thrills«, denen Tausende Neugierige nachjagen, wenn sie Katastrophenschauplätze umringen und wie Schmeißfliegen um die Kadaver eines abgestürzten Flugzeuges schwirren.

Auf Vorkriegsphotos wirkt das Gebäude so bieder, grau und langweilig wie alle die anderen Imitationen wilhelminischer Verwaltungsarchitekur, die der japanische Kaiserstaat errichten ließ, weil er es den Imperialmächten des fernen Westens gleichtun wollte. Erst das Unglück hat aus diesem Serienprodukt etwas Einzigartiges gemacht, aus dem Gewöhnlichen etwas Ungewöhnliches: ein beredtes Relikt, das die Hilferufe und Todesschreie von damals verschweigt.

Denn die Zeit heilt nicht nur Wunden, sie macht auch ihre Schmerzen vergessen, so daß die Späteren sich neuen Schmerzen aussetzen. Sie verharmlost Erschütterndes zum Erzählenswerten, stilisiert Verzweiflung zu Verklärung, lügt Sinnloses in Sinnbildliches um.

Historische Ruinen, so authentisch sie sein mögen, verfälschen Geschichte: In Wahrheit sind sie fast immer Kadaver vergangener Untat. Entweihte Tempel, aufgebrochene Grabkammern, geschleifte Burgen, gebrandschatzte Schlösser säumen die Wegränder des Menschenschicksals. Zurückschrecken müßten wir vor ihnen, weil sie von Aggression, von Hemmungslosigkeit und Verbrechen zeugen. Aber wir wenden uns ihnen voller Ehrfurcht zu und bewundern, was wir beweinen sollten.

2

Ganz anders sind die Gefühle beim Betrachten toter Technik. Diese grotesk verbogenen Gestänge, zerborstenen Kasematten, rostigen Kessel, stillstehenden Förderkörbe, gestrandeten Flugmaschinen und verödeten Raumschußrampen stammen nicht aus ferner Vergangenheit, sondern gehören noch zur nahen Gegenwart. Sie wirken auf uns nicht erhebend, sondern zugleich lächerlich und erschreckend. Sie verunsichern den, der sich auf das Funktionieren dieser irrtümlich von ihm für präzise und zuverlässig gehaltenen Geräte verließ. Von der großen Verwundbarkeit und Anfälligkeit ihrer Systeme sprechen die Konstrukteure und Produzenten ungern. Und doch ist das, was da so lange wie möglich verschwiegen wird, das eigentliche, das zitternde Herz der Innovation.

Schwächen zu beseitigen, Fehler auszubessern, Unvollkommenheiten zu verringern, das sind die Motive, die Forschung und Entwicklung immerzu antreiben. Wer erfahren will, wie gebrechlich die Geschöpfe der Erfinder und Ingenieure sind, wird von ihnen die volle Wahrheit meist erst dann erfahren, wenn sie bereits die nächste Entwicklungsstufe erreicht haben. Denn wissend, wie sie morgen die Fehler von heute und gestern ausbessern können, kritisieren und verkleinern sie das eben noch Gepriesene.

Den Fortschrittsgläubigen sind die mehr oder weniger zufällig erhaltenen Relikte überholter Technik Zeugen eines Noch-nicht-Könnens. Durch Vergleiche mit ihnen weisen sie nach, daß im Laufe der Zeit alles besser und perfekter wird. Doch wer auf diesem Weg nicht nach vorne, sondern nach rückwärts schaut, den kann noch nachträglich der Schrecken packen vor den Risiken, die er nicht ahnte, den Irrtümern, deren Opfer er hätte werden können, weil sie sich trotz aller Berechnungen erst später herausstellten.

Die Trümmer von zerschmetterten Maschinen und Motoren, die stillgelegten Fabriken, die verödeten Laboratorien und Versuchsanlagen stehen im Zeichen des Ikarus, der stürzen mußte, weil sein Vater in schöpferischem Wagemut sich und seinem Sproß zu früh zu viel zutraute. Anhänger der Technik werden das allerdings anders deuten. Sie erleben die Alpträume früheren Versagens so wie jemand, den gelegentlich angstvolle Examenserinnerungen plagen, obwohl er die Prüfung längst bestanden hat. Sie haben es ja schließlich doch geschafft und werden es, so meinen sie, auch in Zukunft schaffen.

So wurde der gegen alle Erwartungen der Nukleartechniker eingetretene Reaktorunfall von Harrisburg schon nach einigen peinlichen Stunden der Wahrheit zu einem Glücksfall stilisiert. Denn, so hieß es, nun könnte man endlich an einem hervorragenden Versuchsobjekt lernen, wie etwas Ähnliches in Zukunft zu vermeiden sei. Der alte Chef der Internationalen Atombehörde verkündete sogar, man brauche solche Störfälle, um die Nukleartechnik weiterzuentwickeln.

3

Den meisten Menschen an der zweiten Jahrtausendwende fallen beim Anblick von Ruinen der Technik weniger beschönigende Interpretationen und Assoziationen ein. Wir leben vorwiegend in einer menschengemachten Umwelt, die immer fataler durch das Versagen der Apparaturen gekennzeichnet ist. Beschäftigen sich nicht zu viele unserer Gespräche mit täglichen, wenn nicht stündlichen Pannen? Das Auto hat gestreikt, das Flugzeug konnte nicht starten, der Zug kam zu spät an. Immerzu will im Haushalt irgendein Gerät nicht mehr funktionieren: Der Eisschrank setzt aus, die Geschirrmaschine »spielt verrückt«, der Fernseher spuckt nur Bildfetzen, auf dem Tonbandgerät ist wieder mal nichts drauf, die Neonröhren flackern, das Telefon bleibt stumm.

Und in der weiten Welt scheint's nicht besser zu gehen. Die Nachrichten melden haufenweise Unfälle, Zusammenbrüche, Katastrophen. Hier läuft Öl aus Tanker oder Pipeline, dort brennt es in einer Atomanlage, Container explodieren, Gase entweichen, und sogar auf die erprobte Sicherheitstechnik der chemischen Industrie scheint kein wirklicher Verlaß mehr. So vergeht kaum eine Woche, ohne daß irgendwo eine Giftwolke, entgegen aller statistisch belegten Wahrscheinlichkeit, ihren Weg aus Fabrikmauern ins Freie findet. Und wieviel geschieht erst auf all den sorgsam bewachten Betriebsarealen? Wir wissen, daß nur ein Bruchteil der Arbeitsunfälle gemeldet wird, und selbst aufgrund dieser unvollständigen Angaben wurde 1978 auf einer Tagung des Stockholmer Beijer-Instituts bekannt, daß in den USA in einem Jahr durch Unfälle mehr Menschen umgekommen seien als durch Krebs. Gewiß, die Verantwortlichen versuchen verzweifelt, die verheerenden Folgen einer niemals ganz ausgereiften, aber immer potenteren und allgegenwärtigen Technik einzudämmen. Nur schaffen sie es nie ganz. Kurieren sie hier ein Gebrechen, bricht es dort auf. Stopfen sie dort ein Loch, entsteht daneben gleich wieder ein Riß. In den komplexen, aus Hunderten Teilsystemen bestehenden Großkonstruktionen mit ihren Tausenden aufeinander angewiesenen Bestandteilen genügt der Ausfall eines einzigen kleinen Ventils, der Bruch eines Kontaktes, das Nichtfunktionieren eines automatischen Kontrollinstruments, um eine Kette von fehlerhaften, einander aufschaukelnden Vorgängen auszulösen, die aus einem »Wunderwerk« ein Wrack machen.

Nicht länger Prometheus, der Tollkühne, sondern Sisyphus, der Geplagte, ist die der Großtechnik entsprechende Symbolfigur. Darüber dürfen Erfolge, die in den hochdotierten Prestigetechnologien wie der Raumfahrt erzielt werden, nicht hinwegtäuschen. Sie funktionieren so erstaunlich gut, weil viele ihrer kritischen Teilstücke »redundant« sind, also mehrfach eingebaut, und bei Bedarf einspringen. Zudem überwachen und korrigieren überdurchschnittlich viele menschliche Kontrolleure die Systeme.

Und selbst bei dieser Hätscheltechnik kommt es trotz aller Vorsicht zu tragischen Fehlleistungen. Das geht hervor aus den vielen tausend Seiten der von der NASA veröffentlichten Protokolle über den Unfalltod von drei Astronauten. Dieser Musterprozeß des spättechnischen Zeitalters macht eines ganz klar: Selbst die teuersten, genauesten und raffiniertesten Maschinerien versagen, wenn Menschen bei ihrem Entwurf, ihrem Bau oder ihrer Handhabung versagen.

Es waren eigentlich nur kleine Unbedachtheiten, Versäumnisse und Nachlässigkeiten, die schließlich zum jämmerlichen Verenden der wehrlosen Himmelsstürmer in der noch im Laboratorium getesteten Raumkapsel führten. Seither wird der »menschliche Faktor« als wichtige, wenn nicht sogar entscheidende Schwachstelle in den »Mensch-Maschine-Systemen« noch stärker als zuvor beachtet. Die Arbeitswissenschaftler beginnen sich zu fragen, ob man hier nicht an unüberwindliche Grenzen gestoßen sei, die von den Konstrukteuren zu wenig beachtet werden, weil sie einseitig auf die Leistung der Apparaturen ausgerichtet sind. Der Reaktorunfall von Three Mile Island und die mehrfachen Bedienungsirrtümer in dem bei Kriegssituationen über Frieden und Krieg entscheidenden Vorwarnsystem des Pentagons haben diese Bedenken noch verstärkt.

Es zeigt sich immer deutlicher, daß der Mensch als »Kopf« des übermächtigen »Körpers« Technik noch nicht und wahrscheinlich sogar nie ausreicht, die seine mentalen, psychischen und biologischen Fähigkeiten übersteigenden Kräfte zu steuern; eine Aufgabe, die ihm fast unmöglich gemacht wird, wenn er die ungeheure Macht seiner Instrumente in den Dienst von Kriegen und Revolutionen stellt.

4

Wir alle leben mit Angstbildern, die wir vergeblich zu verdrängen versuchen, Visionen des Untergangs ganzer Regionen, Kontinente und sogar des Planeten Erde. Die Kadaver der toten Technik sind Mahnmale, Zeugen der Zukunft in die Gegenwart verschlagen. Omen, die uns warnen vor dem totalen Ruin.

Die wüsten Trümmerhaufen der im Zweiten Weltkrieg bombardierten Städte waren Prophezeiungen, die nicht ernst genug genommen wurden. Im Gegenteil: die um das Rüstungsgeschäft und die Kriegsgewinne gebrachte Wirtschaft sah in der massenhaften Zerstörung zunächst einmal Chancen für einen gewinnreichen Wiederaufbau. Ja, die Situation verkehrte sich sogar auf ungewöhnliche Weise. Es beschwerten sich diejenigen, deren Anwesen und Anlagen vom Unheil verschont worden waren, weil sie nun mit Veraltetem gegen Neuestes konkurrieren mußten. »Wir haben wirklich Pech gehabt«, sagte mir der Chefredakteur einer großen Kölner Zeitung, als er mich bald nach Kriegsende durch das verschonte Verlagshaus führte. »Nun müssen wir mit unseren alten Druckmaschinen weitermachen, denn wir kriegen keine Modernisierungsmittel.«

Die unter ständigem Innovationsdruck stehende Industriegesellschaft scheut Vernichtung nicht. Sie verlangt sie sogar. Damit neue Produkte verkauft werden, müssen die alten vom Markt verschwinden. Dieser Rhythmus von Vernichtung und Erneuerung kann, wie die Marketing-Strategen entdeckt haben, auch ohne die lebensbedrohenden Gewaltschübe der Kriege in Gang gehalten werden, indem man den Produkten schon bei ihrer Herstellung die Keime von schnellem Verfall einbaut. Die nagelneuen Waren sind schon, wenn sie zum Verkauf angeboten werden, potentieller Müll. Es ist ziemlich genau programmiert, wie bald sie ruiniert oder irreparabel im Massengrab einer Deponie enden oder zur Wiederauferstehung und Verwandlung dem Recycling zur Verfügung gestellt werden.

Verschleißt sich das Material nicht schnell genug, so sorgt man dafür, daß die Machart oder der Stil des Fabrikats veraltet. In einer durch Medien und Werbung ständig auf die angeblichen Vorteile des Allerneuesten hingewiesenen Öffentlichkeit wird der Konsument, der am »Gestrigen« hängt, zum Sonderling und Muffel abgewertet, der eigentlich dorthin gehörte, wo Altmodisches abgestellt wird: in die Rumpelkammer. Dort, an »seinem Platz«, kann dann das »Neueste von gestern« sogar wieder einen gewissen Kuriositätswert bekommen.

Denn in den Gegenständen, mit denen man umgeht, in den Häusern, die man bewohnt, und den Straßen, durch die man geht, sogar in den Läden, wo der Nachschub mit frisch Erzeugtem lockt, steckt ein Stück eigener vergänglicher Existenz, persönlicher Erinnerungen, die man nicht ohne Bedauern verschwinden sieht. Daher wächst gleichzeitig mit der angeheizten Gier nach dem immer Neuen auch die Sehnsucht nach dem Alten oder zumindest dem Veralteten. Einzelne zufällig vor der Abfalltonne gerettete Exemplare aus früherer Massenherstellung finden immer stärkere Beachtung. Solange sie als typische Serienproduke noch in großer Zahl verfügbar waren, fanden sie keine besondere Beachtung. Nun aber als seltene Überlebende werden sie hoch geschätzt und bezahlt als im Grunde falscher Beweis dafür, daß die Zeit, aus der sie kommen, eigentlich doch nicht so vergänglich und kulturell unbedeutend war, wie man annimmt.

Wenn besonders in England, dem Geburtsland der industriellen Revolution, eine »Industriearchäologie« entstehen konnte und dort nicht nur um die Erhaltung düsterer alter Fabriken, längst abbruchreifer Hochöfen und früher E-Werke gekämpft wird, sondern sogar die zu ihrer Zeit so verhaßten »textile mills« und die Reste verslumter Elendsviertel, dann kommt darin ein Bedauern über den zu schnellen Wandel zum Ausdruck. Man trauert über die zu hastige Existenz und den zu frühen Tod einer nachträglich verklärten Epoche. Eigentlich sind die Abfallhalden am Rande der Städte mit ihrem wüsten Gemisch von halb Verbrauchtem, Zerbrochenem, Verglühtem und Zerscherbtem typischer für die Wegwerfgesellschaft des zwanzigsten Jahrhunderts als die zu Denkmälern hochstilisierten Scherben, die aus Nachlässigkeit oder durch Zufall den ihnen zugedachten Massengräbern des Industriezeitalters entgingen.

Denn in ihrer abstoßenden Formlosigkeit, ihrer Verwesung dokumentieren diese Müllberge die Rücksichtslosigkeit und Ehrfurchtslosigkeit einer Zivilisation, die immer mehr Gewachsenes, das Jahrhunderte und Jahrtausende zu seinem Entstehen brauchte, wie ein Raubtier mit ihren gewaltigen mechanischen Kauwerkzeugen rasch zermalmt, frißt und ausscheidet.

In wenigen Jahrzehnten wird nur noch die Hälfte aller Wälder des Erdballs übriggeblieben sein. Jedes Jahr fallen Hunderte einzigartiger Pflanzen- und Tierarten dem verzehrenden Monstrum zum Opfer. Für immer und unwiederbringlich werden sie seiner Verzehrwut geopfert. Selbst die Kreaturen in der Tiefe der Meere sind nunmehr vor dem Zugriff nicht mehr sicher. Ferngesteuerte Schürfwerkzeuge graben sich durch die Sedimente, die in Äonen hier hinunter in die lichtlose Tiefe absanken in den Boden der Ozeane. Sie graben totes kaltes Metall und opfern dafür das kreisende, sich immer wieder erneuernde Leben der maritimen Biotope.

Weshalb sollte dieses Geschlecht vor dem von Menschen Geformten mehr Ehrfurcht haben als vor dem Naturgeschaffenen? Die Tat- und Habgier verurteilten auch die Artefakte so zum Untergang. Die großen Verschwender beschleunigen die unvermeidliche Entropie, das Chaos, in dem sich alle Materie einmal auflösen wird. Die Lebenden sind zu äußerst tüchtigen Handlangern des Todes geworden. Er hat noch nie so hervorragende Gehilfen gehabt.

5

Zu Beginn der achten Dekade dieses zweiten Milleniums hörte ich aus dem Munde eines dunkelhäutigen Mannes eine Prophezeiung, an die ich seither immer wieder denken muß. Er war ein Abkomme australischer Ureinwohner und hatte mit einigen seiner Freunde die Reise nach Europa angetreten, um in Bonn dagegen zu protestieren, daß bundesdeutsche Firmen sich am Uranabbau in den Wüsten des fünften Erdteils beteiligten. Diese reichen Reserven des zur Gewinnung von Atomstrom notwendigen Metalls lagern in jenen abgelegenen Regionen, wo sich die geheimen Kultstätten der Eingeborenen befinden. Nun sind diese heiligen Hügel von Bulldozern aufgegraben und von mächtigen Drillgeräten durchbohrt worden. Er schilderte den Frevel, während wir in einem kleinen VW-Bus durch die dichtbebaute Industrielandschaft Westdeutschlands fuhren. Als sein Bericht beendet war, schwiegen wir alle und sahen hinaus auf die belebte Autobahn, in deren Hintergrund sich durch die Smogluft Hochhäuser, Wohnblöcke und Werkhallen abzeichneten.

Plötzlich sprach einer: »All das hier steht noch. Und alle die Autos und Menschen bewegen sich noch. Doch ich weiß, wie es einmal sein wird. Ich sehe eine leere verseuchte Ebene, auf der nichts wächst und für Jahrunderte nichts mehr wachsen, niemand mehr leben wird. Denn es werden die Geschosse, die sie mit dem Gestein aus den entweihten Wohnstätten unserer Götter füllten, auf die fallen, die das taten oder geschehen ließen. Sie stellen die Werkzeuge der gegen sie gerichteten Rache selber her und ahnen es nicht einmal.«

Es ist eine ganz neue Art des Unglücks, das der Menschheit droht: Die von atomaren Katastrophen betroffenen Regionen werden nicht nur zerstört, sondern für lange Zeit unbewohnbar bleiben. Es werden Ruinen sein, die niemand ungestraft besuchen kann (es sei denn, er lege einen umständlichen Schutzpanzer an): Strahlenruinen!

Über alle bisherigen Verwüstungen wuchs Gras. Und in einer Generation bereits waren die Verluste an Menschen durch Neugeburten wettgemacht. Noch nie hat es in der Geschichte irreversible Unfalls- oder Kriegsfolgen gegeben. Aus jedem Fehlverhalten konnte man lernen, jeden Irrtum nachträglich zu korrigieren versuchen. Diesmal wird es anders sein. Denn die neueste Energie- und Militärtechnik greift über den Augenblick ihres Einsatzes hinaus weit in das Schicksal kommender Generationen ein. Sie wird sich und ihre Schöpfer lange überleben. Die durch sie unabsichtlich in Friedenszeiten oder absichtlich im Krieg freigesetzten Strahlen werden Jahrzehnte, Jahrhunderte, zum Teil sogar Jahrtausende und Jahrhunderttausende weiterwirken und Massen menschlicher Ruinen – zunächst somatisch, später wahrscheinlich auch genetisch Verkrüppelter – herstellen. Von der toten Technik zur über Menschenalter hinweg aktiv bleibenden, durch Hitze und Gifte todbringenden Technik – welch ein Fortschritt, welch ein Fortsturz!

Solange es unter uns diese eisernen Todesengel gibt, wird niemand mehr die Zukunft mit Hoffnung erwarten dürfen. Nicht nur im Raum sehen wir die Mahnmale der toten Technik, sondern auch in unseren Angstträumen von der schwerbeschädigten künftigen Welt. Ihre Schatten legen sich immer schwerer über unsere hektische Existenz mit ihren schnell wechselnden Sensationen, ihren Tageserfolgen und schnellen Karrieren. Sie erinnern uns daran, daß wir mitten in einer Fehlentwicklung stecken, daß das Ende der Zukunft schon begonnen hat und die Geschichte auf einen tragischen Höhepunkt zurast, wenn ihr Kurs sich nicht sehr bald ändert.

6

Wer den Gründen nachspürt, weshalb heute fast niemand mehr Lebenspläne zu machen wagt, weshalb in dieser Ära keine Jahrhundert-Bauwerke mehr entstehen, keine große Epen, keine umfassenden philosophischen Systeme, die das tausendfach zerrissene Wissen überzeugend ordnen und deuten könnten, wer sich fragt, weshalb Kurzatmigkeit, Oberflächlichkeit, Unverantwortlichkeit vorherrschen und warum so viele junge Menschen in die Traumwelt der Drogenparadiese fliehen, der wird in der Zukunftslosigkeit den gemeinsamen Nenner für Resignation, Gleichgültigkeit, bodenlose Verzweiflung erkennen.

Alle diejenigen, die an eine hellere Welt von morgen nicht mehr zu glauben wagen, weil so viele Anzeichen dagegen sprechen, sind Opfer einer Neurose, die ich den »Ruinen-Komplex« nennen möchte. Neurotisch ist diese durchaus faktisch und vernünftig belegbare Haltung dann, wenn sie sich dem Sog der Zerstörung als einzig bestimmender, vermeintlich unverstehbarer Macht ausliefert.

Verlängert man die gegenwärtigen Trends gradlinig in kommende Zeiten hinein, dann laufen sie in der Tat auf den Untergang zu. Aber es ist die Besonderheit des Menschen, daß er auf Herausforderungen durch radikal anderes Denken und Handeln zu antworten vermag. Er kann die Zukunft in seinem Kopf neu zu erfinden versuchen. Weshalb sollte es ihm nicht möglich sein, sich anstelle der todgeweihten und todbringenden Technik eine lebendige und lebensstiftende auszudenken und zu erproben?

So wie es verschiedene Baustile gibt, muß es auch verschiedene Technikstile geben. War die heute noch vorherrschende Art, mit den Menschen und der Natur umzugehen, grob und brutal, so läßt sich eine behutsame und empfindliche Verfahrensweise vorstellen, bei der wir nicht mehr gegen die Biosphäre arbeiten, sondern in ihr und mit ihr. Eine solche »sanfte Technik« wird heute bereits an vielen Stellen ausprobiert. Noch ist sie in ihren Anfängen, aber es sind doch immer mehr Köpfe und Hände, die sich um eine echte Weiter- und Höherentwicklung unseres Instrumentariums bemühen.

Die »tote Technik« ist die Chiffre dessen, was uns allen Angst macht. Beugen wir uns, beugst Du Dich, beuge ich mich diesem Menetekel? Die Versuchung dazu ist groß, denn Hinnehmen ist anfangs stets leichter als der Widerstand. Wir müssen die drohende Apokalypse eindrucksvoll aufzeigen und immer von ihr reden, damit angesichts ihrer Nähe so bald wie möglich so viele wie möglich gegen sie mobilisiert werden.

Albert Camus sprach beim Empfang des Nobelpreises von denen, die im fast schon verlorenen Kriege nicht willens waren, die Hoffnung aufzugeben, in folgenden Worten: »Sie waren gezwungen, sich eine Lebenskunst für Katastrophenzeiten zu schmieden, um ein zweites Mal geboren zu werden und dann mit offenem Visier gegen das instinktive Todesverlangen zu kämpfen, das in unserer Geschichte am Werke ist.«

Seit diese Rede in Stockholm gehalten wurde, ist mehr als ein Vierteljahrhundert vergangen, und die Zahl derer, die sich um eine Wende bemühen, hat überall beträchtlich zugenommen. Dieser Sinneswandel ist dem Aufkommen des Christentums am Ende der Antike vergleichbar.

Nicht die ganze Welt muß zur Ruine werden, nicht ein toter Planet wird unweigerlich die Folgen der Summe vieler Fehlhandlungen sein, sondern der Bankrott einer Haltung, die blind und hochmütig meinte, alles sei machbar und beherrschbar. Von dieser Ideologie werden in der Tat nur noch Trümmer übrigbleiben.

DIE GEMÄUER DES KRIEGES
VERDUN, MAGINOT-LINIE, ATLANTIKWALL

Von den Mauern Jerichos zu den Panzerkuppeln der Maginot-Linie, von den Felsen Masadas zu den Kasematten von Verdun: Lang ist die Liste historischer Festungsmonumente, die als unbezwingbar galten oder jedenfalls so erscheinen sollten – bis zum Beweis des Gegenteils. Ihre verlassenen Gemäuer ziehen sich wie geologische Ablagerungen des Krieges durch die Weltgeschichte. Chinas Große Mauer, das größte technische Einzelunternehmen von Menschenhand, läßt sich sogar mit bloßem Auge vom Mond aus erkennen.

Dem Totenkult und der Verteidigung widmeten archaische Steinzeitkulturen ihre ersten Gemeinschaftsbauten. Hinter Wällen, Toren und Türmen suchten Völker und Heere Sicherheit in unsicheren Zeiten. Sie verschanzten sich hinter Festungswerken aus gestampfter Erde, Steinen, Lehmziegeln, Beton und Panzerstahl; bisweilen hoch über, bisweilen tief unter der Erde. Wie auf einer Drehbühne sah man die Belagerten von gestern als die Belagerer von morgen auftreten – und umgekehrt.

Jahrtausende, bevor seine biblischen Mauern unter dem Posaunenhall der Kinder Israels auf wundersame Weise umfielen, war Jericho eine befestigte Stadt. Auf dem Ruinenhügel von Tell Es-Sultan in der Jordansenke förderten Ausgrabungen das älteste bekannte Befestigungswerk zu Tage: einen Ringwall von fünf Metern Höhe, in den sich ein von innen besteigbarer Wehrturm von neun Metern Durchmesser und ungefähr gleicher Höhe fügte. Nach dem Befund der Archäologen stammt die Verteidigungsanlage aus der vorkeramischen Jungsteinzeit, also einer Periode, wo der Mensch noch keine Ziegel und Tongefäße brannte.

Jerichos älteste Stadtwehr schlummerte längst vergessen unter meterhohen Geröllschichten, als das Volk Mose um etwa 1300 v. Chr. das Gelobte Land westlich des Jordan erreichte. Kundschafter waren schon ausgeschwärmt. Zur militärischen Lage sollten sie herausfinden, ob die Bewohner Kanaans »in Gezelten oder Festungen« wohnten – so das Buch Mose. Sie wohnten in Festungen. Jericho wurde mit Hilfe der Hure Rahab ausspioniert. Sie versteckte die Späher Josuas in ihrem Haus an der Stadtmauer, das Schwert Israels verschonte die Verräterin.

»Bis an den Himmel vermauert«, wie es das Alte Testament aus dem Heiligen Land berichtet, waren im Altertum fast alle Haupt- und Handelsstädte. Nimrud, Ninive, Babylon, Jerusalem, Athen, Karthago: Wie viele Metropolen der alten Welt rühmten sich nicht unzerstörbarer Verteidigungswerke? Die griechische Legende ernannte das Geschlecht der einäugigen Riesen zu Erbauern der Zitadelle von Mykene, so gewaltig wirkten ihre meterhoch aufgetürmten Quader. Die neolithischen Zyklopenmauern waren im Frontalangriff nicht zu überrennen. Immer wieder versuchten Belagerungsheere, die ummauerten Städte auszuhungern oder zu überlisten. Zehn Jahre wogte der Krieg vor den Toren Trojas hin und her. Troja fiel, weil es auf das hölzerne Pferd des Königs Odysseus hereingefallen war. Es hatte die Warnrufe der Kassandra in den Wind geschlagen und sich den Feind im Bauch des tückischen Riesengauls selbst in die Stadt geholt.

In Reliefszenen aus dem 9. Jahrhundert v. Chr. treten Assyrer mit den ersten Belagerungsmaschinen in Aktion: fahrbaren Rammböcken ohne und mit Schutzdach, auch »Widder« und »Schildkröten« genannt. Mehrstöckige Sturmtürme auf Rädern, Steinwerfer und Katapultmaschinen immer größerer Kaliber und Reichweite markierten die Anfänge der Rüstungstechnik. Das rasante Entwicklungstempo der mechanisierten Kriegsführung inspirierte Militärschriftsteller der Antike zu theoretischen Werken über die Belagerung und Verteidigung befestigter Plätze, so, wie sich später der Deutsche Heinz Guderian oder der Franzose Charles de Gaulle mit dem Blitzkrieg im Zeitalter der motorisierten Panzerwaffe befaßten.

Eine der größten Kriegsmaschinen der Antike setzte der »Städtezertrümmerer« Demetrios 305 v. Chr. gegen Rhodos in Marsch. 3400 Soldaten schoben den neunstöckigen Belagerungsturm von etwa 30 bis 45 Meter Höhe. Doch die Verteidiger stoppten das Monster und erbeuteten es schließlich. Aus dem Verkauf des Materials finanzierte die Stadt eine Dankesstatue für den Sonnengott Helios. Der bronzebeschlagene Koloß an der Hafeneinfahrt krachte achtzig Jahre später bei einem Erdbeben in der Ägäis zusammen, aber die Trümmer des antiken Weltwunders lagen noch 900 Jahre herum.

Zum Antransport ihrer schweren Waffen unternahmen Griechen und Römer bisweilen hektische Erdarbeiten. Tyros, die blühende Hafenstadt der Phönizier im östlichen Mittelmeer, trotzte dreizehn Jahre den Kriegsleuten Babylons. Zwei Jahrhunderte später jedoch besiegelte Alexander der Große den Untergang der Inselfeste, indem er für seine Sturmtruppen einen künstlichen Damm vom Festland heranführte. Die steinernen Aufschüttungen aus dem Jahre 332 v. Chr. sind noch deutlich anhand ihrer breiten Sandanschwemmungen aus der Luft zu erkennen.

Der römische Feldherr Flavius Silva trieb seine Belagerungsrampe bis hinauf an das Felsplateau von Masada. Dort leisteten die letzten Kämpfer des jüdischen Aufstandes von 66–73 n. Chr. 400 m über dem Toten Meer verzweifelten Widerstand. In aussichtsloser Lage hörten sie, wie der schwere Rammbaum ihre Bastei allmählich zerkleinerte. Da sie von den Siegern nur noch Metzelei, Folter und Sklaverei zu erwarten hatten, gingen die Rebellen mit ihren Familien selbst in den Tod. In den 60er Jahren grub der ehemalige israelische General Yigeal Yadin die Festung des Herodes aus. Mit verblüffender Genauigkeit bestätigte sich Fund um Fund, was der zeitgenössische Historiker Flavius Josephus über das Heldenepos von Masada überliefert hatte.

Zur Abwehr kriegerischer Germanen und Kelten befestigten die römischen Kaiser systematisch ihre nördlichen Reichsgrenzen. In Gestalt des Limes ließen Roms Legionen im alten Germania eine archäologische Fundgrube erster Ordnung zurück. Zwischen Rhein und Donau erstreckte sich die durchgehende Verteidigungslinie aus Palisadenzäunen, Wachttürmen, Signalanlagen und Kastellen für die Besatzungstruppen. Die Grenze ihrer Provinz Britannica nach Schottland schotteten die Römer mit dem Hadrianswall ab. Wie eine Riesenraupe schlängelt er sich heute wie damals an der Taille Englands über

125 Kilometer quer durch Northumbria.

Kuppeln aus Stahl, die von weitem an Käseglocken und fliegende Untertassen erinnern, blicken von den sanft geschwungenen Hügeln Lothringens ins Moseltal. Bei feuchtem Wetter glänzen sie wie frisch aufgeworfene Maulwurfshügel; eine ähnliche Funktion hatten diese Kuppeln auch.

Es sind Aufbauten von Mammutbunkern, die sich wie Maulwurfsbauten unter Wiesen und Feldern hinziehen. »Europas größte und komplizierteste militärische Torheit« – so die Fachstudie »Walls of War« – verbirgt sich größtenteils unter der Erde.

Die Erfindung von Schießpulver und Kanonenkugeln, die Entwicklung von Explosivgranaten, Minenwerfern, Steilfeuergeschützen und Mörsern, das waren einschneidende taktische und technische Etappen, die zum Bau unterirdischer Festungsstädte führten. Zwischen den beiden Weltkriegen verkörperten die Panzerwerke von Frankreichs Maginot-Linie mit ihren versenkbaren Geschützkuppeln auf diesem Gebiet das Modernste vom Modernen.

Mehrere Etagen tief in die Erde gesenkt, für Monate mit Munition und Lebensmitteln bevorratet, galten sie dank ihrer meterdicken Betondecken gegen schwersten Beschuß und Fliegerbomben als immun. Das weitverzweigte System ihrer Verbindungstunnel und Gänge war mit 150 km fast so lang wie die Pariser Metro. Von Straßburg bis Montmédy erstreckte sich Frankreichs Ostwall mit seinem ineinandergreifenden Geflecht aus Gefechtsbunkern, Beobachtungstürmen, Panzergräben, Artillerieblöcken und Kasematten. Das Rückgrat der bis zu 30 km tiefen Befestigungszone bildeten 39 Großwerke. Was ihre geballte Feuerkraft und technische Ausstattung anbetraf, so ließen sich diese Ouvrages ohne weiteres mit eingegrabenen Linienschiffen vergleichen. Das Superfort Hackenberg zum Beispiel zählte 1100 Mann Besatzung. Vier Tonnen Munition in der Minute konnte die Festungsartillerie dem Feind entgegenschleudern, das E-Werk reichte zur Stromversorgung einer Stadt von 10 000 Einwohnern.

Drei Milliarden Francs hatte Kriegsminister André Maginot 1929 für den Ausbau des Verteidigungswalls gefordert. Vor der Nationalversammlung beschwor er die Gefahr neuer Aggression aus dem Osten: Es wäre besser, den Invasoren diesmal mit Beton den Weg zu verlegen; Beton sei weniger teuer als ein Wall aus Leibern. Das war das Trauma von Verdun – Schlachthaus einer ganzen Männergeneration im 1. Weltkrieg. Der illustrierte Geschichtsführer der örtlichen Éditions Lorraines umschreibt es pietätvoller: »Zirka achthunderttausend Krieger haben auf den Schlachtfeldern um Verdun den Heldentod gefunden.«

Auf der Fahrt zu den Grab- und Gedenkstätten von 1914–18 gelangen wir über die Nationalstraße 403 zur Panzerfestung Douaumont und zum Fort de Vaux. Auf einer verklüfteten Hochebene am rechten Ufer der Maas gelegen, sicherten sie Verdun in dritter Linie nach Nordosten, als am 21. Februar 1916 ein siebenstündiges Trommelfeuer aus über tausend Geschützen losbrach. Der deutsche Generalstabschef Erich von Falkenhayn entfesselte mit einem Großangriff gegen Verdun die größte Vernichtungsschlacht der Geschichte. Auf Fort de Vaux und seine nächste Umgebung gingen wochenlang Tag für Tag nicht weniger als 8000 Granaten schwerer Kaliber nieder. Dennoch vermochten sich deutsche Füsiliere erst am 8. Juni der Kasematten und Gewölbe zu bemächtigen. Die Offensive, mit der Falkenhayn Frankreichs Armee vor Verdun ausbluten wollte, zehrte nun wie eine offene Wunde an den Kräften der Deutschen. Als das mörderische Unternehmen im August 1916 abgebrochen wurde, hatten sich ihre Verluste auf 337 000 Mann an Toten, Verwundeten und Gefangenen summiert. Die Franzosen betrommelten und berannten ihrerseits vergeblich Douaumont. Das damals stärkste Panzerfort der Welt hatte selbst dem Beschuß der »Dicken Berta«, dem Kruppschen 42-cm-Riesenmörser, widerstanden. Doch im August 1915 hatte Marschall Joffre das Festungswerk von Truppen entblößt, es war den Deutschen gleich zu Beginn der Schlacht von Verdun bei einem Überraschungsangriff in die Hände gefallen. Die Rückeroberung des Eckpfeilers im Dezember 1916 krönte Frankreichs Abwehrsieg von Verdun. Er hatte die Nation einen entsetzlichen Aderlaß an Ehemännern, Vätern und Söhnen gekostet; überall im Land bezeugen es lange Namenstafeln auf den Kriegerdenkmälern.

Umgerechnet auf die Bevölkerungszahl hatte Frankreich im 1. Weltkrieg schlimmere Verluste erlitten als sein Hauptgegner Deutschland. Rund 1,5 Millionen Gefallene – das entsprach 10,5 Prozent der aktiven männlichen Jahrgänge – lagen auf den Schlachtfeldern Flandern und der Champagne begraben. Die Industriezentren im Norden waren verwüstet, die Staatsfinanzen zerrüttet. Daran vemochte auch die Rückkehr Elsaß-Lothringens und die Besetzung der Ruhr nichts zu ändern. Was lag für die geschwächte Siegermacht von 1918 näher, als sich erstmal, unangreifbar hinter einer mächtigen Einfriedung, von den unruhigen Deutschen auszuruhen?

Marschall Pétain, der Retter von Verdun, erhob das Festungsdenken zur unantastbaren Verteidigungsdoktrin. 1922 forderte er den Bau einer »Französischen Mauer« entlang der Ostgrenze. Im Spätsommer 1933 erstattete Ministerpräsident Daladier Vollzugsmeldung. Nach vier Jahren übermenschlicher Arbeit sei Frankreich gegen jede Überraschung geschützt, verkündete er anläßlich einer Inspektion der Maginot-Linie vor dem Rathaus von Sarreguemines. An der Grenze nach Belgien und Luxemburg hatte die Befestigungsfront eine Lücke. Einen massierten Panzermarsch durch die waldreichen Schluchten der Ardennen hielten Frankreichs Generalstäbler für unmöglich. Doch genau durch das Loch von Sedan stieß am 10. Mai 1940 der deutsche Angriffskeil in Richtung Maas vor. An ihren Sehschlitzen und Periskopen lauerte die Festungstruppe derweil weiter südlich vergebens auf den Feind. »On ne passe pas!« (Hier kommt keiner durch!) prangte als Parole an den Großwerken. Es kam auch niemand, von lokalen Durchbruchsgefechten abgesehen. Die Schlacht von Frankreich fand nicht im Vorfeld, sondern im Rücken des feuerspeienden Maginot-Drachens statt.

Die vorgeschobene Zitadelle der III. Republik fiel den Deutschen beim Waffenstillstand überwiegend intakt in die Hände. Anders als

Verdun eignet sich diese strategische Investitionsruine nicht zur Weihestätte. Ein Hauch von Vergeblichkeit, die Melancholie verwunschener Schlösser weht im Herbst über den vereinsamten Kasematten: Art Deco in Beton, das hinter Efeu, Strauchwerk und Mauerschwamm dahinaltert.

Einen Teil der Bunkerveteranen hat die staatliche Domänenverwaltung inzwischen an private Liebhaber und Grundstücksinteressenten abgestoßen. Die »grands ouvrages« aber bleiben unverkäuflich. Als schicksalhafte Wahrzeichen eines Grenzlandes spielen sie im örtlichen Traditionsbewußtsein eine ähnliche Rolle wie die Fördertürme und Hochöfen des Lothringer Beckens. Die Maginot-Linie avancierte zum Bollwerk der Heimattreue; vorwiegend von Bewohnern der Region ist sie in den 30er Jahren gebaut und bewacht worden. Man braucht sich ihres Versagens von 1940 nicht zu schämen, denn schließlich war Frankreich unter dem Lothringer Kreuz von Charles de Gaulle ja doch noch 1945 bei den Siegern gelandet.

»Visitez la Ligne Maginot«, wirbt die Stadt Thionville in einem Prospekt, der gleich drei »besonders repräsentative befestigte Werke« zur Besichtigung empfiehlt. Die örtlichen Gemeindeväter nutzen die Militaria zur Belebung des Fremdenverkehrs. Veteranen- und Traditionsvereine halten die museale Festungstechnik in Schuß. Regelmäßig im Frühling werden Generatoren überprüft, Geschütze geputzt und Kasematten gelüftet. Tief unter der Gemarkung Veckring rattert in den Maulwurfstunneln des Forts »Hackenberg« die elektrische Schmalspurbahn. Im Herbst ist Schluß, dann findet sich nicht genug Publikum für derlei Attraktionen; die Festungssaurier verfallen in den Winterschlaf.

Nur wenige Autostunden entfernt stoßen wir am Pas de Calais auf die Relikte des Atlantikwalls von 1942/44. Hätte Hitler seine »Festung Europa« planmäßig bis zu Ende zementieren können, so wäre der Wall noch länger als die Chinesische Mauer geraten.

Im März 1942 – die Angriffsinitiative im Westen war inzwischen verlorengegangen – hatte der großdeutsche Oberbefehlshaber die Weisung 40 »Küstenverteidigung« erlassen. Zur Abwehr anglo-amerikanischer Landeunternehmen fiel ihm auch nichts Besseres ein als das starre Verteidigungskonzept einer Maginot-Linie. Vom Nordkap bis zur Biskaya bestimmte er die Küsten des besetzten Kontinents zur Hauptkampflinie, hinter die es kein Zurück geben dürfe. Im Wettlauf mit der Zeit begann noch im selben Jahr der Ausbau von Befestigungsanlagen mit dem Schwerpunkt Frankreich. Dort mobilisierte die Organisation Todt rund 291 000 meist zwangsverpflichtete Arbeiter für das Projekt eines Atlantikwalls. Wie sich Rüstungsminister Albert Speer erinnert, plante Hitler die Schwerpunkte und Staffelung der Verteidigungsanlagen bis ins Detail. Unter Berufung auf seine Erfahrungen als Frontsoldat fertigte der Amateurarchitekt in den Nachtstunden sogar Entwurfsskizzen verschiedener Bunkertypen.

Mit einer linearen Küstenbefestigung aus 15 000 betonierten Werken und Unterständen wollte Hitler seine Westflanke zwischen Holland und der spanischen Grenze gegen die zweite Front der Anglo-Amerikaner sichern. Der Atlantikwall war noch ein lückenhaftes Gebilde, als am 6. Juni 1944 an den Invasionsstränden der Normandie »der längste Tag« anbrach. 17,3 Millionen Kubikmeter Beton für 3,7 Milliarden Mark sowie 1,2 Millionen Tonnen Eisen hatte Speer bis dahin in eine Propagandafestung verpulvert, die am Invasionstag ohne Dach dasaß. Angesichts der absoluten alliierten Luftherrschaft wirkte der Atlantikwall mit seinem Sammelsurium zweitklassiger Beutekanonen genau so anachronistisch wie die Maginot-Linie beim Blitzkrieg 1940. Und das Loch von Sedan hatten allwissende Schreibtischexperten auch schon einprogrammiert. Während die Befestigungsbauten entlang des Ärmelkanals weit fortgeschritten waren, beließ man es an der Küste des Calvados bei einer Schwachstelle. Diesmal waren es die Herren von der Kriegsmarine, die eine Landung in der Normandie zwischen Orne und Vire im Hinblick auf Unterwasserriffs und andere Erschwernisse als unwahrscheinlich bezeichnet hatten.

Nach der Befreiung 1944/45 wurden viele der verlassenen Bunker mit ihrer Munition gesprengt, Revanche gegen Sachen. Man identifizierte die Betonklötze nach wie vor mit den Okkupanten, als ob sie ihre Stahlhelme am Strand liegen gelassen hätten. Manche Befestigungsbauten machte man kommunalen oder privaten Zwecken nutzbar, andere weihte man zu Denkmälern, oder man ließ sie einfach stehen. So oder so wurde Frankreich das ungeliebte Bunkermassiv am Atlantik nicht wieder los. Von Brombeerhecken umwuchert, fügen sich die monolithischen Betonblöcke wie Findlingshügel in Felder und Weiden. An den Stränden der Kanalküste und anderswo versacken die Trümmerbrocken unter ihrem eigenen Gewicht zentimeterweise im Sand: ein Karthago vor Calais, von dem jeder in freier Phantasie bestimmen kann, ob seine zerstörten Gemäuer hier gerade verwehen oder schon wieder halb ausgegraben daliegen.

Wie Hünengräber aus grauer Vorzeit offenbarten die anonymen Betongehäuse des Atlantikwalls dem Pariser Architekten und Urbanisten Paul Virilio eine sakrale Funktion. In seinem Buch »Bunker Archéologie« beschreibt er sie als Altäre und Katakomben eines archaischen Festungsglaubens, in dem sich Mythos und Propaganda trafen. Virilio: »Eine ganze Reihe kultureller Reminiszenzen ging mir durch den Kopf: die Mastabas, etruskische Gräber, aztekische Strukturen... als ob sich diese leichte Geschützkasematte mit Bestattungsriten gleichgesetzt, als ob die Organisation Todt letzten Endes nichts anderes als einen religiösen Raum zustandegebracht hätte...«

Fort de Vaux/Verdun

Fort de Vaux/Verdun

Artillerieblock Rochonvillers / Maginot-Linie

L'Ouvrage Hackenberg/Maginot-Linie

Wegweiser / Maginot-Linie

Geschützkuppel/Maginot-Linie

Artillerieblock Rochonvillers/Maginot-Linie

Geschützkuppel und Beobachtungsstand/Maginot-Linie

Batterie de Longues / Atlantikwall

Bray Dunes/Atlantikwall

Bray Dunes / Atlantikwall

Bray Dunes/Atlantikwall

Bray Dunes / Atlantikwall

Bray Dunes/Atlantikwall

ROSTE SANFT
DER »DAMPFFRIEDHOF« VON BARRY DOCKS

Tränen kullern der Dampflok aus dem Mondgesicht. Ein Eisenbahnfan hat es ihr auf die Kesseltür gemalt, dazu den Hilferuf: Bitte laßt mich nicht sterben.

Im Originalton heißt es »Please don't let me die«, denn wir sind in Südwales auf dem »Dampffriedhof« von Barry Docks.

Anno 1804 rollte hier im County of Glamorgan erstmals ein Dampfwagen auf Schienen. Es war ein kurios dreinschauendes Vehikel mit einem überdimensionalen Schwungrad, einem weitvorstehenden nackten Gestänge und verschiedenen Zahnrädern zur Kraftübertragung. Das ganze spielte sich auf der 16 km langen Gleisanlage des Grubenbesitzers Hill ab, die von einem Eisenwerk in Penydarran nach Cardiff führte. Ein aus Cornwall zugewanderter Ingenieur namens Richard Trevithick wollte auf der Strecke eine von ihm gebaute Hochdruckdampfmaschine ausprobieren. Er behauptete, sie werde mit 10 000 Kilo das Vielfache von Zugpferden bei einer einzigen Fuhre bewegen.

Hill hielt das schlichtweg für närrisch, er wettete 500 Pfund Sterling dagegen. Doch mit fünf Wagen voller Eisenerz, auf denen noch 70 Passagiere Platz genommen hatten, schleppte Trevithicks »Tram Waggon« sogar 25 400 Kilo ans Ziel. Das schwerfällige »Feuerroß« hatte gut vier Stunden für die Strecke gebraucht, seine überlegenen Kräfte gegenüber dem »Hafermotor« jedoch standen außer Zweifel. Die wirtschaftlichen Vorteile seiner Zugmaschine konnte Trevithick allerdings nicht mehr hinreichend demonstrieren, da die Schienen der Pferdebahn beim nächsten Versuch unter der ungewohnten Belastung streikten. So verschwand die Urgroßmutter der Dampfbahn wieder in der Versenkung.

Gute 150 Jahre nach dem Debut des »Tram Waggon« wurde bei einer Zeremonie in den Swindon Werken Englands letzte Dampflok auf den Namen »Evening Star« getauft: ein Schienengigant von rund 90 t Gewicht und 18 000 t Zugkraft. Er gehörte zur modernsten Klasse 9F, die British Rail 1954 hauptsächlich als schwere Güterlok eingeführt hatte. Doch wenige Jahre später lief das Dieselprogramm der britischen Staatsbahnen an; im Zeichen des Billigöls konnte selbst die neueste Kohlestaubfeuerung-Technologie mit dem Verbrennungsmotor nicht konkurrieren. Nach und nach verschwanden die zischenden und prustenden Zugmaschinen aus dem öffentlichen Schienennetz. Mit ihnen starb eine glorreiche Ära der Eisenbahngeschichte, die sich in vielen populären Wahrzeichen des technischen Zeitalters ausgeprägt hatte: ihren Bahnhofskathedralen zum Beispiel, in innerstädtischen Gleislandschaften, Lokomotivrotunden, Wassertürmen und Stellwerken. Im August 1968 wurde im Mutterland der industriellen Revolution als letzte von rund 40 000 Dampfloks die »Oliver Cromwell« aus dem Verkehr gezogen, eine Expreß-Lok im Stromlinienlook der Britannia-Klasse. Die »Evening Star« war schon 1965 nach nur fünf Dienstjahren als nationale Reliquie in der historischen Eisenbahnsammlung von York gelandet.

Die Masse aller ausrangierten Loks jedoch dampfte ohne Ansehen ihrer Verdienste zu den Abwrackunternehmern. Im Glamorgan County, wo Trevithick seinen denkwürdigen »Tram Waggon« gebaut hatte, füllte sich eine Gleisanlage ab 1957 nach und nach mit der erkalteten Pracht und Herrlichkeit der britischen Dampfeisenbahn. Als ob sie sich heimlich zu einer Protestdemonstration gegen den unwürdigen Abschied verabredet hätten, versammelten sich schließlich auf dem Schrottplatz von Woodham Brothers 368 Veteranen-Loks mit dem Löwenemblem von British Railways.

Das Freilicht-Mausoleum im Hafen von Barry bei Cardiff ging bereits in die Eisenbahnliteratur ein. Unter dem Titel »Graveyard of Steam« hat es Brian Handley 1974 in einem Bildband verewigt, und das war gut so. Die Tage des »Dampffriedhofs« sind gezählt. Aus allen Teilen Englands pilgerten und pilgern immer noch Eisenbahnnostalgiker zu einem Schrottplatz, wo Englands letzte Kohlelokomotiven am Meer verrosten.

Alles in allem mögen es schon zwei Millionen Abschiedsbesucher gewesen sein, schätzt Mr. Woodham. Andächtig durchstreifen sie an Wochenenden das verlassene Rangiergelände. »Traurig, traurig, wenn man sich vorstellt, wie die einmal durch die Gegend gepufft und gedonnert sind«, murmelt einer vor sich hin.

Junge Eisenbahn-Spotter gehen mit Kamera und Notizbuch auf Spähtrupp. Mit Kennerblick halten sie fest, was da alles an Baujahren und Klassen Puffer an Puffer, Schornstein an Schornstein versammelt steht. Hält sich der Lok-Laie an äußere Erkennungsmerkmale, so kennen diese Eisenbahn-Archäologen die genaue Herkunft der verschiedenen Altertümer. Barry Docks bietet sich als einmalige Fundstätte an; immer noch mehr als hundert Loks höchst unterschiedlicher Jahrgänge drängen sich auf den Abstellgleisen.

Da findet man noch die bullige Churchward, eine ehrwürdige Konstruktion von Anfang 1900, die sich bis zur Ausmusterung 1965 im Nahverkehr der Western Region abrackerte. Es siechen hier – kenntlich an fünfstelligen Seriennummern der Anfangsziffern 7 bis 9 – die letzten Standardklassen von 1951/54. Schließlich findet man abgeschobene Berühmtheiten der King- und Jubilee-Class: reinrassige Schnellzugmaschinen aus den 30er Jahren, die inzwischen samt ihren einstigen Luxuszügen zur Legende verklärt wurden.

An Expreß-Lok Nummer 6023 King Edward II werkelt die Midland Action Group. Sie hat die Aufbauten des majestätischen Dampfriesen entrostet, den Kessel grün gestrichen, die Pleuelstangen geschmiert. Englands Hobby- und Museumsbahner sahen dem drohenden Dampfmassaker nicht tatenlos zu. Schon über hundert Friedhofsinsassen haben sie zwecks Restaurierung aus Barry Docks abgeholt. Die Rettungsaktion geht weiter. An fast jeder dritten oder vierten Dampflok jedenfalls kündigen sogenannte Preservation Groups entsprechende Absichten an: »Sold«, »Reserved for« oder »Do not remove parts« lesen wir an den Rümpfen. Einer Lok haben die neuen Besitzer zum Schutz vor weiterem Verfall erst mal eine Plane übergestülpt. An der 7093 hängt ein Zettelkasten nebst Sammelbüchse. Der »7093 Fund« will die Foremake Hall vom Baujahr 1949, noch exzellent erhalten und letztes Exemplar ihrer Klasse, vor den Schneidbrennern retten. Außer

Enthusiasmus erfordert ein solches Unternehmen großzügige Spenden. Je nach Schrottwert sind zwischen 2000 bis 10 000 Pfund für den Freikauf einer Rostlok zu entrichten. Dazu kommen Ausgaben für den Abtransport per Tieflader sowie das Material für die Instandsetzung. Bis zum glücklichen Ende summieren sich die Kosten leicht auf 50 000 Pfund und mehr.

Die Zeit drängt. In zwei bis drei Jahren läuft die Gnadenfrist für die übriggebliebenen Dampfinvaliden ab; die ältesten sind ohnehin schon unrettbar korrodiert. Die salzige Dauerbrise vom Bristol Channel hat ihnen die Aufbauten zerfressen; unter den Rundungen der Kessel schimmert wie mattes Fleisch die Asbestisolierung hervor. Längst hat sich die Natur wohnlich in den rostbraunen Gehäusen eingerichtet. Spinnen und Vogelpärchen wohnen in den Führerhäusern. Manche Kohlentender haben sich im Laufe der Jahre zu schlammigen Regenbassins verwandelt, aus denen nun Wildpflanzen und Bäume sprießen.

Hilferufe (»a good friend«) und Anklagen (»you killed me«) tragen noch mehr »Dampfrösser« an den Kesselwänden. So, wie sie hier in Wind und Wetter mit ihren nackten Leibern verwittern, wirken sie in der Tat wie mythische Maschinenwesen. Einer sterbenden Expreß-Lok hat man als Abschiedsgruß kumpelhaft in weißer Ölfarbe »Farting Flyer« (Furzender Renner) auf den Bauch gepinselt, einer Güterlok »Let it rust in peace« aufs Chassis geschrieben – was in korrektem Friedhofsdeutsch wohl »Roste sanft« heißen müßte.

»Dampffriedhof« Barry Docks/Südwales

»Dampffriedhof« Barry Docks/Südwales

»Dampffriedhof« Barry Docks/Südwales

»Dampffriedhof« Barry Docks/Südwales

»Dampffriedhof« Barry Docks/Südwales

»Dampffriedhof« Barry Docks/Südwales

»Dampffriedhof« Barry Docks / Südwales

Anhalter Güterbahnhof/Berlin (West)

VERSUNKENE HÄFEN
NEW YORK, BRIGHTON, PORT WINSTON

Das Mittelmeer, die Wiege der Seefahrt, kennt viele versunkene Hafenstädte.

Manche wurden durch Krieg und Naturgewalten zerstört, andere dem Verfall überlassen oder von Schwemmland beerdigt. Tyros und Karthago, einst mächtige Seefesten der Phönizier; Ostia, ehemals Kriegs- und Getreidehafen des Imperium Romanum; der Hafen des Herodes in Caesarea: Diese Namen stehen für andere Schiffahrtszentren der Antike, die rund um das Mittelmeer begraben liegen. Archäologische Überreste deuten auf Hafenanlagen von beachtlicher Größe und Ausstattung.

Ein monumentaler Leuchtturm von etwa 130 m Höhe gehörte sogar zu den sieben Weltwundern des Altertums. Der griechische Baumeister Sostratos hatte ihn im dritten Jahrhundert v. Chr. an der Hafeneinfahrt von Alexandria errichtet und »Im Namen aller Seeleute den göttlichen Rettern« gewidmet. Von der gleichnamigen Felsinsel ragte der berühmte Pharos fast anderthalb Jahrtausende am Horizont empor. Zeitgenössische Reiseberichte ergingen sich in enthusiastischen Schilderungen des Bauwerks, das dem maurischen Prinzen und Mittelmeerreisenden Idrisi bei Nacht »wie ein glitzernder Stern« vorkam.

Im 12. Jahrhundert legten die arabischen Eroberer Ägyptens das Leuchtfeuer still. Der Turm diente fortan als Moschee. Ein Erdbeben brachte ihn 1375 zum Einsturz. Die Trümmer waren noch im 15. Jahrhundert zu sehen, wie J. Sprague de Camp in seinem Buch »Ingenieure der Antike« berichtet. Heute erblickt man an der Stelle nur noch einige von Seewasser umspülte Felsen.

Hafenruinen aus den Tagen der christlichen Seefahrt breiten sich zu beiden Seiten des Nordatlantik aus.

*

Eine Hafenfront auf Abbruch erstreckt sich an Manhattans Westside von der 59. Straße bis hinunter zu den Chelsea Docks. Swedish-American, United States Lines, Cunard: Solche Namenszüge an den abgestorbenen Landungsbrücken lesen sich wie Nachrufe auf das ferne Jahrhundert der Ozeanriesen. Dabei liegt es kaum zwanzig Jahre zurück, als hier am Ufer des Hudson rund 900 000 Schiffspassagiere die Neue Welt betraten oder verließen. Vor der Skyline Manhattans reihte sich ein Ozeandampfer neben den anderen, genau wie heute die Jumbo-Jets an den Flugsteigen des New Yorker Kennedy International Airport. Als sich nach der Einführung der Düsenclipper ein Transatlantik-Flug auf sieben bis acht Stunden nonstop verkürzte, desertierte das Reisepublikum von den Linienreedereien zu den Luftlinien. Selbst die prominentesten und schnellsten Luxusliner vermochten sich nicht gegen die Konkurrenz der kostengünstigen Langstrecken-Jets zu behaupten. Englands Cunard Steamship Company, die 1840 als erste Reederei den Postdienst über den Atlantik eröffnet hatte, zog 1967 ihr 81 000 BRT Flaggschiff »Queen Mary« nach der 1001. Transatlantikreise aus dem Verkehr. Die »United States«, seit 1952 Inhaberin des »Blauen Bandes«, gab zwei Jahre später auf, obwohl sie als schnellster Turbinendampfer der Welt die Reisezeit von Europa nach New York noch unter die Schallgrenze von vier Tagen auf drei Tage, zehn Stunden und 40 Minuten gedrück hatte.

1973 reisten 25 000 Passagiere per Schiff über den Atlantik gegenüber zwölf Millionen in der Luft. Am Superliner Terminal zwischen der 48. und 55. Straße im Herzen Manhattans, wo früher manchmal drei oder gleich vier Königinnen der Meere festmachten, legt heute dann und wann ein Kreuzfahrtschiff an – im Sommer. Als Fahrgasthafen hat Port Everglades in Florida New York den Rang abgelaufen. Die aufgegebenen Empfangsgebäude und Güterschuppen dienen jetzt als Garagen oder Ausstellungshallen, sofern sie nicht, auf den Dächern Bäume treibend, vor sich hinrosten oder zerbröckeln. Schon 1970 hatte die Stadt New York die tote Hafenzone am Hudson für nicht-maritime Zwecke freigegeben.

Auch der traditionelle Fähr- und Frachtbetrieb ist an der Westside zum Erliegen gekommen. Die beiden Eisenbahnpiers 100 und 101 hinter der 59. Straße sind abgebrannt, ihre Eisenskelette fallen langsam ins Wasser. Die Chelsea-Docks weiter unterhalb wurden vom Container-Verkehr überrollt, der sich jetzt vornehmlich auf Staten Island und Brooklyn konzentriert.

Die Automatisierungswelle auf See drängte andere Güterhäfen ins Abseits. Liverpool, zu seinen Glanzzeiten als Hafen der tausend Schiffe gepriesen, ist nur noch ein Schatten seiner selbst. In den Londoner Docklands an den Themsebögen, wo einst das Herz des Empire schlug, blicken die Kräne ins Leere. Die traditionelle Hafen- und Speicherlandschaft am Ostrand der britischen Metropole ist im Begriff, von der Bildfläche zu verschwinden. Containerschiffe und Massengutfrachter machen außerhalb Londons in den neuen Tilbury Docks nahe der Themsemündung fest. Die Computer haben das Kommando übernommen.

*

Englands schönste Vergnügungsruine ragt auf Stelzbeinen 309 m in den Ärmelkanal hinaus. Am Kopfende trägt sie einen Spiel- und Theaterpavillon, der mit seinen Türmchen und Arkaden im Morgendunst wie ein orientalischer Palast über dem Wasser schwebt. Doch die rote Namensschrift blickt stumpf vom Dach, die meisten Glühbirnen sind aus ihren Fassungen gepurzelt.

Ende September 1975 wurde Brightons West Pier wegen Baufälligkeit geschlossen. Das Portal an der Uferpromenade ist vernagelt, die Dächer der Kassenhäuschen hat man zur Abwehr von Kletterkünstlern mit Stacheldrahtrollen verbarrikadiert. Wird der West Pier, wie es ein Baulöwe vorhat, restauriert und mit einem Luna-Park zur Touristenattraktion aufgemöbelt? Wird er auf Kosten der Steuerzahler abgerissen oder eines Tages von allein zusammenkrachen? Mit roten Warnschildern zur »Dangerous Structure« erklärt, wartet ein Glanzstück viktorianischer Maritimarchitektur auf bessere Zeiten oder das Ende.

Piers auf grazilen Stelzbeinen ins Meer zu stellen, das hatte sich im England der Queen Victoria geradezu zu einer nationalen Manie entwickelt. An die hundert solcher Pfahlbauten auf hölzernem oder gußeisernem Stützwerk zierten schließlich zur Jahrhundertwende die Gestade Albions. Es sei an der Zeit, die Karte Englands neu zu zeichnen, und zwar in Form eines riesigen Stachelschweins. So mokierte sich damals ein Klatschkolumnist über den Igel-Look der britischen Insel.

Bei den meisten Piers – der längste in Southend maß 2130 m – handelte es sich nicht nur um schlichte Landungsbrücken, sondern um typische Wahrzeichen von Merry Old England: Pleasure Piers, die über ihren nautischen Zweck hinaus der Erholung und öffentlichen Lustbarkeit dienten. Mit ihren Landestegen, Konzertpodien, Promenadendecks und Pavillons glichen sie Luxusdampfern, die niemals ablegen. Aufstrebende Modebäder wie Blackpool, Scarborough, Margate oder Hastings schmückten sich mit Piers, die der Eleganz ihres Publikums schmeicheln, ja sogar einen Hauch von Frivolität ausstrahlen sollten. Dazu sicherten sie sich der Ingenieurkünste von Eugenius Birch (1818–1884), des prominentesten Pierbaumeisters seiner Epoche.

Brighton, die »Königin der Seebäder«, leistete sich 1866 ein Meisterwerk, »das Maßstäbe für eine ganze Generation von Nachfolgern setzte« (so Fachhistoriker Simon H. Adamson in seinem Werk »Seaside Piers«). Birch hatte die Landungspromenade ursprünglich mit vier symmetrisch angeordneten Kiosken garniert. Spätere Aufbauten wie der Spielpavillon oder die Musikhalle veränderten die Silhouette, ohne daß der West Pier seine Anmut und Harmonie verlor. Kaiser Napoleon III. landete hier 1870 und pries den Pier sogleich als »schönstes Bauwerk von Britannien«.

Inzwischen nähern sich die Stachelpiers dem Greisenalter. Altersschwäche, Kriegs- und Sturmschäden, Brände und Schiffskollisionen haben die Reihen arg gelichtet, so daß bis zur Jahrhundertwende bestenfalls etwa 25 Veteranen überleben dürften. Nicht nur Brightons West Pier (»the best Pier«) siecht mit seinen verwitterten Aufbauten in Ungewißheit dahin. Gegen seinen Abriß jedoch wollen eine örtliche Bürgerinitiative und die Victorian Society notfalls auf die Barrikaden gehen. Für die dekorative Eisenkonstruktion aus den großen Tagen britischer Seemacht gilt ganz besonders, was der »Observer« über die einst so populären Vergnügungspiers schrieb: Sie seien »auf ihre Art ebenso unersetzlich wie mittelalterliche Kathedralen«.

*

Eine Hinterlassenschaft des größten amphibischen Landeunternehmens der Weltgeschichte versinkt vor den Steilklippen der Normandie im Meer. Sie wird unter ihrem militärischen Decknamen »Mulberry« (Maulbeere) in allen einschlägigen Werken zur Geschichte des 2. Weltkriegs erwähnt. »Mulberry« war ein künstlicher Nachschubhafen, den die Seemacht Großbritannien eigens für die Operation »Overlord« gebaut und zum Invasionsstrand an der Seine-Bucht geschleppt hatte. Hier eröffneten die Alliierten am 6. Juni 1944 mit zwei Armeen sowie 6 697 Schiffen und 14 600 Flugzeugen den Sturmangriff auf Hitlers Festung Europa.

Großdeutschlands oberster Feldherr hielt die Invasion zunächst für ein Täuschungsmanöver, denn im Bereich der Brückenköpfe gab es keinen Hafen. Für die Nachschuborganisation bedeutete das gerade in der kritischsten Phase des Landeunternehmens ein schweres Handikap. Doch mit einer Geheimwaffe, die durchaus dem Trojanischen Pferd des schlauen Odysseus würdig war, unterlief die Invasionsarmada das Dilemma. Sie brachte ihre eigenen – schwimmenden – Häfen mit. Durch »eine einzige brillante technische Idee« war so der ganze Riesenaufwand für den Atlantik-Wall mit seinen schwer armierten Hafenfestungen hinfällig geworden, wie Bunkerbaumeister Albert Speer später in seinen Memoiren erkannte.

Luftaufnahmen vom Sommer 1944 zeigen die »Mulberry«-Idee in Aktion. Vom offenen Invasionsstrand langten vier schwimmende Piers wie Finger einer Hand in das Gewimmel der Landungsboote. Um das improvisierte Hafenbecken zog sich weiter draußen im Halbkreis von etwa sieben Kilometern eine Mole aus »Phoenix«-Senkkästen. Liberty-Schiffe entluden im Schutz künstlicher Wellenbrecher ihre Frachten, während Sperrballons zum Luftschutz über der »Mulberry«-Anlage schwebten. Der Größe nach war sie etwa mit dem Hafen von Dover vergleichbar.

Arromanches, das den Fertighafen in seiner Bucht beherbergt hatte, trägt seither den Beinamen Port Winston. Englands Kriegspremier Winston Churchill hatte die Idee in die Welt gesetzt. Schon im Mai 1942 diktierte er an den alliierten Operationschef Lord Mountbatten eine Weisung betreffend »Piers zum Einsatz an Stränden«: »Sie müssen sich mit den Gezeiten heben und senken. Das Problem der Verankerung muß gemeistert werden. Lassen Sie für mich die besten Lösungen ausarbeiten. Ersparen Sie sich Bedenken, die Schwierigkeiten sprechen für sich selber.«

Gerade noch rechtzeitig zum D-Day stellten rund 15 000 britische Werft- und Bauarbeiter die genormten Betonteile für zwei »Mulberry«-Einheiten fertig. Die »Monster zur See«, wie sie das Ballantine-Taschenbuch über »Alliierte Geheimwaffen – Der Krieg der Wissenschaft« beschreibt, waren schon planmäßig vor den Landeköpfen installiert, da kam am 19. Juni 1944 »Epsom« auf. Vor dem amerikanischen »Omaha«-Beach spielte der schwerste Nordost seit 40 Jahren mit dem Kunsthafen buchstäblich Fußball. »Mulberry A« mußte aufgegeben werden. »Mulberry B« in der besser geschützten Bucht von Arromanches hielt trotz schwerer Beschädigungen stand. Obwohl das Bauwerk nur für eine Lebensdauer von drei Monaten gedacht war, wurde am britischen »Gold«-Strand noch bis 1. Dezember 1944 Nachschub gelöscht. Was von den Piers schwimmen blieb, haben inzwischen die Wellen geschluckt oder am Land aufgetürmt. Die letzten Pontons blicken am Steilufer von Asnelles wie bemooste Mammutschildkröten aus dem Geröll. Trockenen Fußes läßt sich bei Ebbe eine angeschwemmte Verladerampe erreichen. Die Brandung schleift die Plattform aus Stahlbeton langsam glatt: tote Technik auf dem Wege zum Megalithen. Die ungefügen Senkkästen, 70 m lange Riesenklötzer von 7000 t, werden nicht so bald von der Bildfläche verschwinden. Schon haben die Winterstürme Lücken in die Mole gerissen. Doch bis zur Demontage des letzten Wellenbrechers dürfte sich das Meer noch einige Jahrhunderte Zeit lassen.

West Side Manhattan/New York City

West Side Manhattan/New York City

West Side Manhattan/New York City

West Side Manhattan / New York City

West Side Manhattan/New York City

West Side Manhattan / New York City

West Pier / Brighton

West Pier/Brighton

West Pier/Brighton

West Pier/Brighton

West Pier/Brighton

Port Winston / Arromanches

Port Winston/Arromanches

Port Winston/Arromanches

SEEMACHT VON GESTERN
ENGLANDS LETZTE FLUGZEUGTRÄGER

Ihre letzte Seereise bewältigte die ehemalige HMS Eagle nur noch mit Hilfe von Schleppern. Die Route führte vom Marinearsenal Devonport an der Kanalküste rund um den Südzipfel der Insel in Richtung Schottland. Schwere Herbststürme zwangen den Konvoi, zwei Tage lang vor der irischen Küste Schutz zu suchen.

Mehrere hundert Zuschauer säumten die Ufer zum Abschiedsspalier, als der Schleppzug den Lochryan Fjord hinaufdampfte. Ganz willenlos ließ sich der angerostete Flugzeugträger nicht herumkommandieren. Kurz vor dem Ziel riß eine Trosse; er brach mit dem Bug nach backbord aus und glitt knirschend auf eine Sandbank. »Träger Eagle kämpft bis zum Letzten«, meldete die örtliche Wigtown Free Press unter dem Datum des 26. Oktober 1978.

Bei der nächsten Flut gelang es, den massigen Schiffsleib wieder flott zu machen und bis nach Cairnryan zu bugsieren, ein gottverlassenes Nest an der Westküste Schottlands. Auf der anderen Seite des Lochryan liegt Stranraer; täglich ziehen die Fährdampfer von und nach Nordirland im Dunst vorbei.

Cairnryan hat ebenfalls einen Hafen, ein Erbstück aus dem letzten Krieg. Auch später sah man dann und wann graue Stahlriesen der Royal Navy am Pier liegen. Ihre Spuren verloren sich in der regnerischen Einsamkeit Cairnryans; sein Hafen dient als Abwrackplatz für alte Kriegsschiffe, als Endstation englischer Seemacht von gestern.

Die klassischen Großkampfschiffe hatten im 2. Weltkrieg ihre Vorherrschaft auf den Weltmeeren eingebüßt. Als Kriegsschiff der Zukunft erwies sich der flexiblere Flugzeugträger, für den englischen Marineautor Antony Preston »sowohl in seiner einfachsten als auch in seiner am höchsten entwickelten Form eine hybride Schöpfung, da sie den Menschen gleichzeitig zur Eroberung der Luft und der See befähigt«.

In den Jahren der Bedrängnis hatten sich die Träger der Royal Navy bei der Jagd auf das deutsche Schlachtschiff Bismarck und bei den verlustreichen Konvoischlachten zur Rettung Maltas ruhmreich hervorgetan. Im Schoß der Admiralität reiften Pläne für eine mächtige Trägerflotte. Als Nachfolgerin der Grand Fleet sollte sie mehr als 20 schwimmende Flugbasen umfassen; als strategisches Rückgrat britischer Seemacht waren vier Einheiten zu je 36 800 t und drei zu je 45 000 t Wasserverdrängung vorgesehen.

Mit dem Verfall des Empire fiel das Neubauprogramm größtenteils unter den Tisch. Immerhin umfaßte Englands Überwasserstreitmacht in den 60er Jahren sechs Trägerneubauten, darunter die für Buccaneer- und Phantom-Jets modernisierten 43 000 t Flottenträger HMS Eagle und HMS Ark Royal.

Jetzt ging es in Cairnryan nicht nur mit der betagten Eagle, dem 21. Kriegsschiff dieses Namens, zu Ende, sondern mit Englands großen Flugzeugträgern überhaupt. Kaum hatten sich die Abbrucharbeiter von Steel Supply Ltd. über den 246 m langen Koloß hergemacht, da löschte in Devonport das jüngere Schwesternschiff die Feuer.

Als Flaggschiff der Royal Navy hatte die HMS Ark Royal noch 1976 bei den 200-Jahr-Feiern der USA die britische Krone vertreten. Nun wurde sie, wie 1974 die Eagle, ersatzlos außer Dienst gestellt. Die Pläne eines englischen 60 000 t Superträgers Furious für die 80er Jahre waren schon 1966 als nicht finanzierbar zu den Akten gewandert.

Den größten Teil seines Marinebudgets steckte das Vereinigte Königreich in den Ausbau einer strategischen Unterwassermacht, die sich mit ihrer Druckknopftechnik und den amerikanischen Atomraketen nicht mehr so recht in die seemännische Tradition von Trafalgar fügte. »Es war das Ende einer Ära für die Royal Navy, einer Ära der Marinefliegerei, die bis ins Jahre 1912 zurückgeht und zweier früherer Ark Royal«, schreibt Antony Preston in einem Epilog auf Englands letzten Flottenträger.

Gegen die Verschrottung der Ark Royal sträubten sich Traditionswahrer und Marinefreunde. Sie wollten das Wahrzeichen britischer Seegeltung als Museumsschiff retten. Die Unterhaltungskosten hätten jedoch die Finanzkraft der Spender bald überfordert, so daß eine Zeitung auf dem Höhepunkt der Protestwelle zum Realismus riet: »Let the Old Lady die in Peace!« (Laßt die alte Dame in Frieden sterben!)

Wie ein 43 000 t Flugzeugträger stirbt, konnte man derweil in Cairnryan verfolgen. Beginnend mit dem Dreibeinmast, früher das typische Erkennungsmerkmal britischer Kriegsschiffe, wurde die Eagle von 40 Mann Deck für Deck abgetragen und auseinandergeschweißt. Rund 30 000 t Stahl sowie 2000 t Buntmetalle gedachte eine private Stahlhandelsfirma in zweijähriger Arbeit aus dem Schiffstorso zu gewinnen, der sich nach dem Verlust seiner Aufbauten und des Flugdecks in eine imposante Opferschale verwandelt hatte.

Meistbietend zum Abbruch ausgeschrieben, dümpelte die ehemalige Ark Royal nach dem Ausbau ihrer militärischen Ausrüstung in Devonport. Im Herbst 1980, als Schlepper das triste Stahlgebirge nach Cairnryan abholten, war die Ark Royal bereits in Englands glorreiche Andenken- und Traditionsmarine eingegangen. Auf einem Seestück von Marinemaler Robert Taylor, das auch als preiswerter Farbdruck zirkulierte, dampfte sie als Königin der Hochseeflotte volle Fahrt voraus – in die Vergangenheit. Sogar »ein Stück echter HMS Ark Royal oder HMS Eagle« konnte man sich über eine Versandfirma sichern. Die Reliquien – Rumbecher, Kupferkrüge, Aschenbecher, Schiffsglocken und ähnlicher Marinenippes – trugen Gedenkembleme der Kriegsschiffe und waren aus Originalmaterial der beiden Flugzeugträger geschlagen, wie man einer Anzeige in den Navy News entnehmen konnte.

Flugzeugträger Ark Royal/Cairnryan

Flugzeugträger Ark Royal/Cairnryan

Flugzeugträger Eagle/Cairnryan

Flugzeugträger Eagle/Cairnryan

RUINEN DER MONTANKRISE
DAS ALTERTUM VON KOHLE UND STAHL

»Es ist das imposanteste Panorama der Industrie, ohne Beispiel. Ein Kranz von sieben Hüttenwerken an den Ufern von Ruhr, Rhein und Emscher, eine Galerie von überzeugender Größe, durchsetzt mit den Fördergerüsten der Kohlezechen, den Türmen der Gasometer und dem weißwolkigen Rauch der Kokslöschtürme, jenen gewaltigen Schwaden von Wasserdampf, die mit den Wolken am Himmel wetteifern und immer wieder das schönste Schauspiel des »Reviers« sind.«

So feiert Dr. Volkmar Muthesius in seinem Buch »Du und der Stahl« den Blick von der Autobahnbrücke Duisburg-Kaiserberg auf das Ruhrgebiet. Das war im Jahr 1953. Der Ruhrpott hatte sich von den Zerstörungen des Bombenkriegs erholt. In den Silhouetten mächtiger Industriewerke dokumentierte sich für den Autor der Elan eines wiedererstandenen Reviers, das bis hin nach Dortmund »zu neuen Zielen vorstößt«.

Die Kulissen eines schwerindustriellen Ballungsraumes begleiten uns heute wie damals durchs Ruhrgebiet; nur zeigt das einst so imposante Panorama von Kohle, Eisen und Stahl Risse und Sprünge. Die Versatzstücke des Fortschritts bröckeln auseinander. Der alte Kohlenpott mit seinen dicht gestreuten Zechenanlagen und dem Wald eiserner Fördertürme ist dahin. Nun veranstaltet das Manager Magazin unternehmerische Planspiele, wie sich die Stahlindustrie im siebten Krisenjahr 1981 möglichst rasch ihrer verlustbringenden Werkskapazitäten entledigen könne, ein Problem, mit dem sich ebenfalls die maroden Stahlkonzerne anderer EG-Länder herumschlagen. Im lothringischen und belgisch-luxemburgischen Revier sind die Zerstörungen der Montankrise unübersehbar. Wie gigantische Urnenkulturen rosten Winderhitzer neben toten Hochöfen. Erzgruben schlossen unter internationalem Konkurrenzdruck, Aufbereitungsanlagen wurden aufgegeben.

Im luxemburgischen Montanstädtchen Rümelingen drehte sich das Leben rund hundert Jahre lang um den Abbau und die Verhüttung des heimischen Minettegesteins. Wie einen anonymen Schicksalsspruch kommentiert Berghauptmann i. R. Marcel Klein das Ende der Eisenzeit in der »Stadt der roten Felsen«: »Niemand hat geglaubt, daß es kommt, und plötzlich ist es da.«

Niemand glaubte 1956 im Ruhrgebiet, daß sich zehn Jahre später einmal zwölf Millionen Tonnen unverkäuflicher Steinkohle in Riesenhalden um die Bergmannssiedlungen türmen würden. Erdöl, das den westdeutschen Energiemarkt zu nach heutigen Begriffen märchenhaften Preisen überschwemmte, hatte die Steinkohle verdrängt und den Bergbau ruiniert. Die Bundesregierung leitete mit Milliardensubventionen eine Flurbereinigung unter Tage ein. Unter dem Dach der neuen Einheitsgesellschaft Ruhrkohle AG lief das Sanierungskonzept auf eine vollständige Mechanisierung der Steinkohleförderung durch neue Abbautechnologien sowie Konzentration auf einige wenige Großbetriebe hinaus – die Ursache für das Zechensterben.

Über Tage löste es soziale Schockwellen aus. Fast 300 000 Bergarbeiter verloren ihre Arbeitsplätze. Von den 158 Schachtanlagen des Jahres 1956 waren 1980 nur noch 30 übrig geblieben. Für die stillgelegten Gruben war ein für allemal Schluß; sie können unter den besonderen Verhältnissen des Ruhrgebiets nie wieder eröffnet werden.

Im Muttenbachtal südlich von Witten, also außerhalb des späteren Industriereviers, liegt eine Wiege des Ruhrbergbaus. Zwischen Hängen und Wiesen bauten hier kleine Stollenbetriebe das schwarze Gold direkt am Berg ab. Die Gewerkschaft Turteltaube zum Beispiel förderte 1811 mit fünf Mann Belegschaft 7200 Ringel (1 Ringel = 65 kg) Brandkohle.

Den Mittelpunkt des Reviers bildete das Muttenbachtaler Bethaus, wo sich die Bergleute bis 1850 zum gemeinsamen Schichtgebet trafen. Eine Glocke im Dachtürmchen mahnte die von weit her anmarschierenden Knappen zur Pünktlichkeit. Das seltene Relikt aus vorindustrieller Zeit wurde vor dem Verfall gerettet und steht jetzt unter Denkmalschutz. Ein historischer Lehrpfad hilft uns bei der archäologischen Spurensuche. Er führt zu verwucherten Stollenmündern, alten Verladeplätzen, Kohlestraße und Grubengebäuden. Selbst die Trasse einer 1829 angelegten Pferdebahn ist noch zu erkennen. Schlägel und Eisen, noch heute Symbole des Bergbaus, prägten damals die Arbeitswelt. Heute sind sie wie kostbare Altertümer kaum noch für Museumszwekke aufzutreiben.

Mit Beginn des Maschinenzeitalters verlagerte sich der Schwerpunkt des Bergbaus zu den immer tiefer abfallenden Flözen nördlich der Ruhr. Das Grundwasser wurde nun mit Dampfkraft abgepumpt, die Kohle im Tiefbau aus der Erde befördert. Rund um die Schachtanlagen formierten sich fabrikartige Zechenbetriebe mit Maschinenhäusern, Verwaltungstrakten, den Kastengebäuden von Wasch- und Mischanlagen. Kraftwerke und Kokereien versorgten die energiefressende Eisen- und Stahlerzeugung, die sich zwischen Dortmund und Duisburg im Verbund mit der Steinkohle zur zweiten schwerindustriellen Säule des Montanreviers verdichtete.

Nicht nur für den Schriftsteller Max von der Grün eine »kapitalistische Mißgeburt«, wandelt der Ruhrpott unter den Schockstößen einer Strukturkrise abermals seine Physiognomie. Schon fressen sich computer- und lasergesteuerte Abbauroboter in 1200 m Tiefe durch die Fettkohle. Eine andere, bislang nur im Versuchsstadium existierende Großtechnologie zielt auf die Beendigung des herkömmlichen Bergbaus überhaupt und eine Kohlevergasung direkt an den Lagerstätten.

So oder so: Mit den aufs Altenteil abgeschobenen letzten Püttmännern sind nun unter Tage Bergmannshacke und Preßluftbohrer passé. Wo im Dunstkreis traditioneller Bergmannsstädte wie Gelsenkirchen oder Bochum Kokereien und Schachtanlagen brachliegen oder abgerissen werden, stellt sich die Ruhrindustrie von gestern wie ihr eigenes Altertum dar. 1973 schloß als Bochums letzte große Zeche die Grube Hannover. Sieben Jahre später erstreckte sich vor Ort ein Ruinenfeld. Das alte Steag-Kraftwerk war schon zur Hälfte abgerissen, der Schrott türmte sich an einer Gleisanlage zum Abtransport. Die Abteilung Abbruchtechnik der Thyssen-Sonnenberg GmbH hatte sich gerade über die restlichen Übertagebauten hergemacht.

Zwischen belangloser Zweckarchitektur ragte die Silhouette eines Malakoff-Turmes heraus, so genannt nach dem Fort Malakoff, das im

Krimkrieg (1853/56) beim Kampf um Sewastopol am längsten Widerstand geleistet hatte. Im Ruhrgebiet signalisierten diese Backsteintürme nicht zuletzt durch ihre imitierten Burgzinnen den Übergang von der bäuerlichen Grubenwirtschaft zur großkapitalistischen Feudalherrlichkeit des industriell organisierten Tiefbauschachtes. Die Malakoff-Türme beherbergten hinter ihren nachgemachten Festungsgemäuern das Fördergerüst nebst Seilscheibe. Gegen Ende des vorigen Jahrhunderts wurden sie mehr und mehr von den Skelettkonstruktionen freistehender Fördertürme abgelöst. Als antikes Relikt soll der Malakoff-Turm am Ort der ehemaligen Zeche Hannover stehenbleiben. Sonst hätte der Kohlenpott, der nun keiner mehr ist, in Bochum womöglich nie stattgefunden.

Aufbereitungswerk Audun-le-Tiche (ARBED)/Lothringen

Grubeneinfahrt Mine de Fer d'Angevillers/Lothringen

Stahlwerk Knutange (SOLLAC)/Lothringen

Stahlwerk Knutange (SOLLAC)/Lothringen

Stahlwerk Knutange (SOLLAC)/Lothringen

Backton Gasworks / Ost-London

Zeche Hannover/Bochum

Kokerei Zeche Hugo/Gelsenkirchen

Kraftwerk Zeche Lothringen IV/Bochum

Waschraum Schiffshebewerk Henrichenburg/Westfalen

DIE NEUEN PYRAMIDEN
AUTOFRIEDHÖFE IN STADT UND LAND

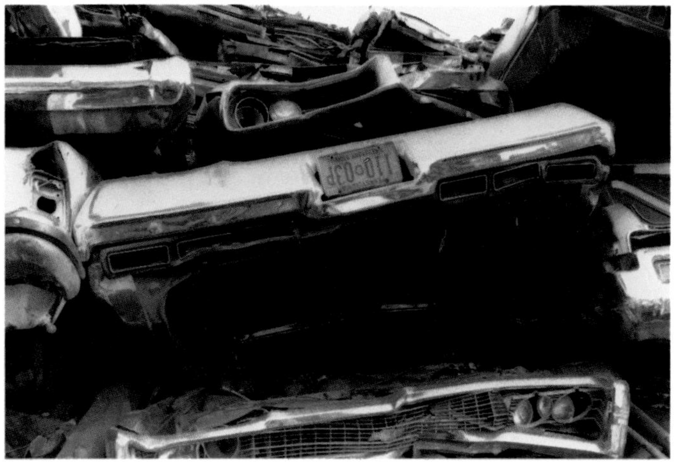

In den Pyramiden des Nillandes erfüllte sich die Verehrung der Pharaonen. Die gewaltigen Grabmäler versinnbildlichten den zentralen Staatskult des alten Ägypten: Sie sollten den Sonnengottkönigen als Mittlern zwischen Erde und Himmel über den Tod hinaus die absolute Herrschaft sichern.

Im Gleichnis von Blechpyramiden erfüllt sich eine zentrale Kulturveranstaltung der westlichen Welt, nämlich die Aufgabe, das Wirtschaftswachstum durch Produktion, Verkauf, Verbrauch und Verschrottung von immer mehr Automobilen am Leben zu halten.

Im Landschaftsbild Nordamerikas sind diese Wahrzeichen industrieller Wegwerfkultur so unübersehbar, daß Arlo Guthrie die aufgetürmten Rostkarossen in einem Song über die letzte Fahrt des ehrwürdigen Pullman-Expresses von Chicago nach New Orleans besingt. »Häuser, Farmen, Felder…, Städte, die keinen Namen haben…, Güterbahnhöfe voll schwarzer, alter Männer« ziehen am Abteilfenster des »City of New Orleans« vorbei, »…and the graveyards of rusted automobiles«.

In den USA, mit einem Autobestand von 154 Millionen unbestrittene Führungsmacht der motorisierten Welt, finden wir auch die monumentalsten Autofriedhöfe. Eine Abwrackfirma allein schlachtet in Chicago jährlich 250 000 Limousinen ab. Überquert man in Philadelphia, vom internationalen Flughafen kommend, den Delaware in Richtung Stadtmitte, so erhebt sich rechts neben der Brückenabfahrt eine Stufenpyramide aus mehreren Tausend plattgepreßten Straßenkreuzern. Zerbeulte VW-Käfer und andere Leichtgewichtler krönen die Blechhalde von den Dimensionen eines drei- bis vierstöckigen Wohnsilos. Einen Bergsteiger könnten die Steilwände durchaus zum Klettern animieren; die Aussicht würde jedoch kaum lohnen.

Rund 140 000 Personenwagen werden auf dem Gelände von Pollock & Abrams in der Pennrose Avenue jährlich zu Schrot zermahlen. Die 4 000 PS Hammermühle schafft einen Achtzylinder in der Minute. Rütteltische, Magnettrommeln und Gebläse trennen die Spreu vom Weizen. Als wichtigstes Rohprodukt zum industriellen Recycling bleibt in faustgroßen Klumpen zu 99 Prozent reiner Stahlschrott zurück. Gerade wartet im nahegelegenen Hafen ein Frachter aus Italien auf Ladung. Deshalb drehen die Schwerlaster auch am Sonntag ihre Runden. Jeder karrt bei einer Fuhre die Ausbeute von etwa 20 Autoleichen ab.

Örtliche Autoverwertungen aus Pennsylvania und den umliegenden Bundesstaaten liefern die ausgeschlachteten Blechkutschen an. Sie wandern – minus Reifen und Benzintank – auf ein Förderband und werden zwecks Stapelung flach gedrückt. Je nach An- und Abfuhr türmen sich zwischen 4 000 bis 10 000 Autokadaver auf der Pyramide. Die abgetakelten Konsumidole werden bei Pollock & Abrams nur noch nach Gewicht gehandelt. Um zwei Dollar je 45 kg liege derzeit der Ankaufspreis für ein Schrottvehikel, erzählt uns Manager Gary. Das mache durchschnittlich »sixty bucks« für einen abgelegten Straßenkreuzer.

Am Fuß der Deponie hat sich Geröll aus Gummi und Plastik, Bakelitteilen, Glasscherben, Zündkerzen und ähnlichem Kleinzeug angesammelt: dauerhafte Artefakte, die vielleicht einmal zu den Spuren eines rätselhaften Automobilmenschen führen, dessen Verschwinden mit einer dramatischen Zuspitzung der Weltenergiekrise gegen Ende des zweiten Jahrtausends abendländischer Zeitrechnung zusammenhing. Ratten und Mäuse finden in dem öligen Bodensatz offenkundig ein gutes Auskommen; in den oberen Stockwerken machen sich verstädterte Wildtauben um die Besiedlung toter Technik verdient.

In der Anbetung des Automobils und dem schäbigen Begräbnis sieht der unlängst verstorbene Sozialphilosoph und Psychoanalytiker Erich Fromm keinen Widerspruch. Im Gegenteil: Beides gehört für Fromm zur Charakterstruktur einer Konsumgesellschaft, in welcher der einzelne sich selbst und die Warenwelt nicht mehr nach dem Gebrauchswert, sondern nach dem Tauschwert in Form jeweils marktgängiger Image- und Prestigemerkmale erfährt. Deshalb kann auch die Zuneigung zum jeweils gefahrenen Automobil bei allem Besitzstreben (»Haste was, dann biste was«) immer nur kurzlebig andauern. Fromm schreibt dazu in seinem Buch »Haben oder Sein«: »Das Auto ist kein Objekt, an dem ich hänge, sondern ein Symbol meines Status, meines Ichs, eine Ausdehnung meiner Macht. Mit dem Kauf eines Autos erwerbe ich faktisch ein neues Teil-Ich.« Für die Neigung zum Wechsel, die nicht zuletzt ständig von der Automobilwerbung stimuliert wird, gibt es vielerlei Beweggründe. Fromm verweist auf den mit jedem Erwerb vervielfachten Lustgewinn; der Akt des Besitzergreifens sei eine Art Defloration. »Drittens bietet der Automobilwechsel jedesmal aufs neue die Chance, beim Tausch einen Profit zu machen, ein Wunsch, der im heutigen Menschen tief verwurzelt ist. Ein weiteres, viertes Element ist … das Bedürfnis nach neuen Reizen, da die alten nach kurzer Zeit schal und uninteressant werden.«

Im Autofetischismus veranschaulicht sich beispielhaft, was Fromm in verschiedenen Büchern als die Religion des Industriezeitalters beschreibt: eine »neue geheime Religion hinter christlicher Fassade, die Menschen zu Dienern der Wirtschaft und der Maschinen, die sie mit ihren eigenen Händen gebaut haben, reduziert«.

Heilig – so Fromm – sind in dieser Religion die Arbeit, das Eigentum, der Profit und die Macht.

Um die technische Entwicklung des Kraftwagens, der zunächst als Spielzeug der High Society und der Neureichen galt, haben sich verschiedene Erfinder verdient gemacht. Der amerikanische Kapitalistenkönig Henry Ford I. erfand das Automobil gewissermaßen ein zweites Mal, indem er es der industriellen Massengesellschaft als Goldenes Kalb stiftete. Sein Geist – der Geist von Detroit – schwebt unsichtbar über den neuen Pyramiden, denn erst die Demokratisierung des Autos setzte die wirtschaftliche Dynamik des Explosionsmotors frei.

Mit der Ankündigung, einen Motorwagen für die Menge zu bauen, schockte Ford 1909 seine Konkurrenten. Als erstes Großserienmodell legte er damals seine »Tin Lizzy« auf. Fünf Jahre später löste der knorrige Automobilmagnat eine zweite Schockwelle bei Industrie und Finanzestablishment aus. Er verdoppelte zum 1. Januar 1914 den Minimallohn seiner Arbeiter von täglich zweieinhalb auf fünf Dollar bei acht statt neun Stunden Arbeit. Das war zehnmal mehr als die damals üblichen Massenlöhne in den USA. Zielgerecht verbilligte Ford seine »Blechliesel«, um die Segnungen der aufdämmernden Automobilgesellschaft für breite Käuferschichten wie kleine Farmer und Arbeiter erschwinglich zu machen. Dafür wurde der Zeittakt an den Fließbändern immer drastischer durch die Zerlegung und Automatisierung von Arbeitsgängen durchrationalisiert. Kostete die »Tin Lizzy« anfangs 950 Dollar, so waren es 1916 nur noch 365. Als das legendäre Modell T 1927 auslief, hatte Ford rund 15,5 Millionen Benzinkutschen unter die Leute gebracht.

Mehr Geld = mehr Kaufkraft = mehr Wachstum: die magische Gleichung des amerikanischen Automobilkapitalismus war aufgegangen. Fords Arbeiter wurden zu Autobürgern, der spendable Firmenpatriarch zum Multimillionär. In der privaten Massenmotorisierung und ihren Verästelungen materialisierte sich der amerikanische Traum von unbegrenzter Fülle. Das – machbare – Wachstum rollte im Gewand immer neuer Glitzerkarossen vom Band.

Die Erfolgsstory eines Jedermann-PKW markierte im westlichen Nachkriegsdeutschland den Beginn eines Wirtschaftswunders. Der Wolfsburger Volkswagen hatte schon in Feldgrau als Kübelwagen bei Hitlers Blitzkriegsdivisionen Beachtliches geleistet. Als Zivilist überbot er sogar den Produktionsrekord der »Blechliesel«. Der Aufbruch in die Automobilgesellschaft wie die damit einherlaufende Amerikanisierung der Bundesrepublik galten im Wachstumsrausch der 50er und der 60er Jahre als Fortschritt schlechthin. Mit dem billigen »Tiger im Tank« (so damals die Benzin-Reklame) konnten freie Bundesbürger ihren motorisierten Bewegungsdrang endlich frei entfalten. Auf den Autobahnen manifestierte sich der steigende Lebensstandard in der zunehmenden Heraldik gehobener Hubraumklassen.

Die Ölkrise von 1973/74 dämpfte vorübergehend die Kraftfahrteuphorie. Doch im Zeichen des Automobil-Hochs von 1976/78 waren die Zeichen an der Wand rasch verdrängt. Ihr Blechfestival auf dem Frankfurter Messegelände zelebrierte die IAA schon wieder unter dem Slogan »Mit dem Auto in die Zukunft«, während Monsterstaus die gastgebende Rhein-Main-Metropole mit Smogschleiern sättigten.

Noch immer geistert der Mythos vom Gelobten Land durch Prognosen, die für das Jahr 2000 eine annähernd mit den USA vergleichbare Automobildichte von 500 PKW/Kombi je 1000 Einwohner anpeilen. Denn mit 368 Einheiten bei einem Gesamtbestand von 22,5 Millionen PKW im Jahre 1979 lag die Bundesrepublik international gesehen erst im statistischen Mittelfeld. Damit war, jedenfalls nach Erkenntnis des Kraftfahrtbundesamtes, der Markt noch lange nicht »gesättigt«.

Mögen auch ihre unübersehbaren Verwüstungen sowie der zweite Ölschock am Nimbus der umweltfressenden Blechtermiten zehren: Die Pyramidenbauer fühlten sich jeder Millionenkonjunktur gewachsen. Schredder-Anlagen amerikanischen Zuschnitts vertilgen in den Ballungsgebieten den Autoabfall en gros. »Wenn Sie Ihren Neuen bekommen, bringen wir Ihren »Alten« fachgerecht um die Ecke«, wirbt en détail im Westberliner Branchentelefonbuch die Autopresse Tempelhof.

In der pseudoländlichen Idylle Oberschwabens stapelt die Autoverwertung Georg Meyer an der Bundesstraße 466 »Kraftfahrzeuge und Anhänger, die nicht in Betrieb sind und deren Reparatur nicht sinnvoll ist«. So lautet die amtliche Definition eines zur Verschrottung bestimmten Autowracks durch die Arbeitsgemeinschaft Abfallbeseitigung.

Als die erste große Autowelle auf den Wegwerfhalden landete, beschnitt die Aufsichtsbürokratie den Wildwuchs der Blechpyramiden. In einem Merkblatt aus dem Jahre 1976 erließ sie detaillierte Vorschriften zur Ästhetik des deutschen Autofriedhofs. Alt- und Unfallwagen sollten danach nicht länger als drei Monate gehortet und nicht höher als drei Meter geschichtet werden. Das Betriebs- und Lagergelände sollte 4000 qm nicht übersteigen, das Einzugsgebiet den Radius von 25 km nicht überschreiten. Mindestens zwei Meter hoch waren die aufgetürmten Blechleichen zu umzäunen.

Ein Betonwrack wie New Yorks kaputte und zuschanden gefahrene Stadtautobahn am Hudson läßt sich nicht so einfach wegreglementieren. Das bizarre Denkmal an den Automobilgott erstreckt sich auf Stahlpfeilern von der 46. Straße bis hinunter an die Südspitze Manhattans. Eine Reparatur lohnt nicht mehr, doch die chronische Finanznot der City of New York verzögerte den geplanten Abriß.

Der sechsspurige West Side Highway war einmal neben dem Long Island Expressway der am meisten frequentierte innerstädtische Schnellweg New Yorks. Durchschnittlich 130 000 Autos am Tag benutzten ihn in beiden Richtungen. Vierzig Jahre lang stand der Hochbau im Trommelfeuer des Großstadtverkehrs. Im Dezember 1973 gab er den Geist von Detroit auf. Unter der Last eines »Brummi« stürzte die altersschwache Betondecke in die Tiefe.

»Soldaten! Vier Jahrtausende blicken auf euch herab!« rief Napoleon angesichts der Pyramiden von Gizeh. Bei dieser von Streß und Abgasen zermürbten Zivilisationsruine – unserer Zivilisation – überkommen uns noch nicht so ehrfürchtige Gefühle. Ich zum Beispiel sah in der verlotterten Schnellstraße einen Aussteiger, der sich der Automobilgesellschaft verweigert. Dafür sind ihm die Jogger, Spaziergänger und Radfahrer von Greenwich Village zugelaufen. Spraykünstler machten die Fahrbahn zum Atelier.

Autoverschrottung Pollock & Abrams/Philadelphia

Autoverschrottung Pollock & Abrams/Philadelphia

Autoverschrottung Pollock & Abrams/Philadelphia

Autoverwertung Georg Meyer/Nattheim

TOD IN TUCSON
DER GRÖSSTE FLUGZEUGFRIEDHOF DER WELT

Amerika läßt seine ausgedienten Luftgeschwader in Schönheit sterben. Im Wilden Westen Arizonas, am Fuß der blauen Berge, unterhält die Supermacht USA den größten Flugzeugfriedhof der Welt. Beim Anflug auf den internationalen Flughafen Tucson sehen wir ihn wie einen symmetrisch gemusterten Teppich südlich der Stadt in der Sonora Desert liegen. Auf einem Stück abgezäunter Wüste steht »die drittgrößte Luftwaffe der Welt« auf Halde.

Die Ansammlung von mehreren Tausend stillgelegten Flugapparaten auf einem Fleck verleiht der umliegenden Hochebene etwas Unwirkliches. Im Wechselspiel von Licht und Schatten verschmelzen Technik und Natur zu bizarren Bildern. Morgens glimmt und glitzert es golden wie in einer Märchenlandschaft zwischen den meilenweit aneinandergereihten Aluminiumleibern. In der Mittagsglut von High Noon verschwimmen sie zu gleißenden Blechlawinen, während bei Sonnenuntergang die Vielfalt der aerodynamischen Leitformen besonders plastisch hervortritt. Abgewrackte »Stratofrachter« ragen wie sterbende Dinosaurier in die Dämmerung – Tod in Tucson.

In Tucson und Umgebung nennt man das Gelände mit den vielen Flugzeugkadavern »Boneyard«, zu deutsch »Beinhaus«. Bei nahem besehen handelt es sich um ein Sammeldepot für überschüssiges oder ausrangiertes Fluggerät im Regierungseigentum der Vereinigten Staaten. Was die U. S. Luftstreitkräfte nicht zwischen Erde und Himmel benötigen, wird nach Tucson zum Military Aircraft Storage and Disposition Center – MASDC – abgeschoben.

Die Westernwüste Südarizonas eignet sich vorzüglich zum Freilichthangar. Im trockenen, pflegeleichten Sonnenklima überdauern Flugzeuge bei minimalem Wartungsaufwand ohne Rostfraß. Der krustige Lehmboden ersetzt Betonpisten; selbst schwergewichtige Baumuster wie die Boeing B-52 lassen sich auf dem Erdreich hin und her rollen.

Die Industriemacht USA war am Ende des 2. Weltkriegs auf Riesenbergen überschüssigen Rüstungsmaterials sitzengeblieben. Allein 303 218 Militärflugzeuge, davon knapp 36 000 viermotorige Bomber, waren nach Ankurbelung der Massenfertigung zwischen 1940 und 1945 vom Band gelaufen – und beileibe nicht alle vom Himmel gefallen. Nach der Demobilisierung stellte die U. S. Air Force Teile ihrer Bomber- und Transportarmada auf der Davis-Monthan Base am Stadtrand von Tucson ab. Von 1946 bis 1966 wurden hier beim MASDC rund 15 000 Flugzeuge eingelagert. Die Masse aller Weltkrieg-II-Veteranen verschwand inzwischen auf Nimmerwiedersehen in den Aluminiumschmelzen. Ihre letzte Boeing B-17 »Fliegende Festung« stifteten die MASDC-Oberen vor über fünfzehn Jahren einem Luftfahrtmuseum in Kalifornien. An Oldtimern waren zur Jahreswende 1980/81 nur noch die ehrwürdige C-47 Skytrain sowie deren aufgemöbelte Schwester C-117 »Super Gooney« übrig geblieben, beides Militärversionen der Douglas DC-3 Dakota. Sie dürften in wenigen Jahren ebenso aus der Friedhofsszenerie entschwunden sein wie die C-54 Skytrain: ein viermotoriger Douglas Transporter, der bei der Berliner Luftbrücke als »Rosinenbomber« populär wurde.

Das Düsenzeitalter und der Ost-West-Konflikt sorgten im Verein mit generösen Militärausgaben Washingtons für Nachschub. Jetzt altern unter der Sonne Arizonas überwiegend Waffensysteme aus den späten 50er Jahren und den 60er Jahren vor sich hin. Vielfach handelt es sich um Material, das vom zehnjährigen Totentanz über Vietnam übriggeblieben ist. 1975, nach dem militärischen Rückzug der USA aus Indochina, war der Lagerbestand vorübergehend auf rund 6200 Jets, Drehflügler und Propellermuster angeschwollen. Inzwischen ist er auf knapp 4000 Maschinen geschmolzen – immer noch genug für eine gigantische Luftshow am Boden.

Soweit das Auge reicht, stehen sie in Reih und Glied: Überschalljäger, Jagdbomber, Frühwarnflugzeuge, Transporter, Schulmaschinen. Die U. S. Navy und das Marinekorps deponierten Trägerflugzeuge in Stärke einiger Geschwader, die Heeresflieger ganze Alleen von Hubschraubern und Beobachtungsflugzeugen.

Von weitem ragen Haifischflossen aus einer Bodensenke – Leitwerke von etwa 200 dicht an dicht geparkten B-52. Beim Näherkommen wachsen die sogenannten »Stratofestungen« zu monströsen Todesvögeln, besonders die mit den nachtschwarzen Rümpfen. Der Tarnanstrich stammt noch aus Südostasien, wo die Interkontinentalbomber, jeder mit bis zu 27 Tonnen Sprengbomben im Bauch, von Guam oder Thailand aus in den Guerillakrieg eingriffen. Unhörbar in 10 000 m Höhe und mehr anfliegend, entledigten sie sich ihrer Lasten über Dschungelwäldern und Reisfeldern im Teppichwurf, für die da unten der Weltuntergang.

Zur militärischen Bemalung hat man den Düsenriesen in Tucson noch eine popartige Verkleidung aus weißen Spraymustern verpaßt. Alles, was am Rumpf durchlässig, bewegbar oder besonders empfindlich ist, wurde von außen mit einem Schutzfilm gegen Wasser und Sand abgedichtet. Die weiße Vinylhaut über den Verglasungen wirft das Sonnenlicht zurück, so daß sich das Rumpfinnere selbst bei 40 Grad Hitze und mehr im Sommer nicht gefährlich aufheizt. Aus Sicherheitsgründen hat man Explosivstoffe, Waffenstände, geheime Bordausrüstungen und andere Sondergeräte aus den B-52 entfernt. Die acht Turbinenaggregate liegen eingefettet in Spezialcontainern unter den Tragflächen. Deshalb gehören die Riesenbomber nicht automatisch zum alten Eisen. »Main Preservation July 1979« lesen wir am Bug, was bedeutet, daß sie erneut standardmäßig für einen Wartestand bis zu vier Jahren konserviert worden sind.

Einbalsamiert, aber technisch intakt, dämmert etwa die Hälfte der MASDC-Flotte dahin. Das U. S. Verteidigungsministerium hält die Gebrauchtflugzeuge für verschiedene Zwecke in Reserve. Ein bestimmter Anteil kehrt je nach der wechselnden militärischen Bedarfslage zu den operativen Verbänden zurück. Auch Luftstreitkräfte befreundeter Regierungen bedienen sich aus der Halde. Routinemäßig brauchen die MASDC-Techniker vier Arbeitswochen, um einen scheintoten Depotinsassen wieder betriebsklar zu melden. Im Krisenfall, wird uns bedeutet, ließe sich das natürlich beschleunigen.

Andere Baumuster werden zur zivilen Weiterverwendung »entmilitarisiert«. Die Forstverwaltung in Kalifornien zum Beispiel übernahm umgerüstete Patrouillenflugzeuge der Marineluftwaffe als »Feuerlöschbomber«. Gar nicht weit weg, an der Grenze nach Mexiko, jagt der U. S. Zoll in abgerüsteten Mohawk-Heeresaufklärern nach Rauschgiftschmugglern. Einige Hundert Sheriffs sind vom Funkwagen auf ehemalige Armeehelikopter umgestiegen, die jetzt in verschiedenen Stadtregionen Verkehrsüberwachung fliegen.

Der größte Teil des eingemotteten Geräts jedoch landet früher oder später bei den alten Kameraden im »Beinhaus«. Im rückwärtigen Teil des etwa hundert Quadratkilometer großen Areals lockert sich die stramme Paradeordnung zusehends auf. Hier gammelt eine Geisterluftwaffe, die nie mehr abhebt, gleichwohl als Ersatzteilzubringer im Inventar des U. S. Verteidigungsministeriums verbleibt. Noch Jahre hindurch werden die abgehalfterten Militärflugzeuge systematisch nach wiederverwendbarem Zubehör aller Art ausgeschlachtet.

In unterschiedlichen Stadien des Verfalls schleppen sie sich ihrem Ende entgegen. Die Reifen erschlaffen, die Farben blättern ab, die weißen Plastikbandagen lösen sich in Fetzen von den Rümpfen. Den über 25 Jahre alten Super Constellations sieht man auch in abgerissenem Zustand an, daß sie einmal zu den elegantesten Erscheinungen der ausgehenden Propellerära gehörten. Selbst hier auf dem Abstellgleis besticht die Harmonie ihrer schlanken Silhouette mit der sanft geschwungenen dreiteiligen Heckflosse. Doch die Spuren fortschreitenden Siechtums lassen sich an den hochbeinigen Langstreckenflugzeugen, deren zivile Schwestern noch in den 60er Jahren viele Interkontinentalrouten beflogen, nicht länger übersehen. Manche Super Connies haben ihre Radarnase, andere alle vier Propeller oder die Motoren eingebüßt. Ohne Respekt vor den verblassenden Hoheitszeichen haben sich Taubenkolonien auf den Rümpfen breitgemacht. Hier ist es ein Flügeltank, dort der höckerförmige Aufbau eines Radars, den die neuen Besatzungen als Treffpunkt bevorzugen.

Weiter weg, so scheint es, rüstet sich eine Formation T-33 Düsentrainer geschlossen zum Abflug. Die Kabinenhauben sind zum Einsteigen hochgeklappt; allerdings könnten unsere imaginären Piloten nur noch in den Blechgehäusen der Zweisitzer davonbrausen. Die Triebwerke der Lockheed sind ausgebaut, ihre Instrumententafeln erblindet. Von der Elektronik baumeln lediglich Kabelenden herum.

Schwer tragen die baufälligen Grumman E-2 »Falkenaugen« der U. S. Navy an tellerförmigen Fiberglaskuppeln, in denen einmal die Antenne ihres Rundsuchradars kreiste. Hier, in fremder Umgebung, kommen sie uns mit ihren ausladenden Gehäusen wie Riesenasseln vor, die regungslos in der Wildnis verenden.

Zu den exotischsten Friedhofsinsassen gehört eine Flottille in der Wüste gestrandeter Grumman Albatros Amphibienflugboote. Hilflos liegen sie nun mit ihren plumpen Rümpfen und dem Stummelfahrwerk auf Grund, der Inbegriff von bleiernen Enten.

Zur Dämmerstunde treibt die Abendsonne mit der Schrottlandschaft ihren Spuk. Kurz bevor sie am Horizont abtaucht, scheint sie an manchen Stellen durch Bullaugen und Cockpits; uns aber will es so scheinen, als ob hier und da in einer Kabine die Beleuchtung anginge.

Bauchige Boeing C-97 ragen wie ihre eigenen Grabmale in die Gegend. Manche sind auf die Bugnase gekippt, andere auf den Schwanz, als hätten sie sich nicht mehr aus eigener Kraft auf den Beinen halten können. Andere Invaliden halten sich nur noch aufgebockt oder mit Hilfe untergeschobener Fässer in der Balance. Man hat ihnen die Fahrwerke amputiert, manchen außerdem Tragflächen, Leitwerke oder andere Partien. Den Rümpfen entquellen Eingeweide: Gestänge, Tanks, Verstrebungen, anderswo klumpenweise Elektronik. Die gerupften Supervögel verwandeln sich mit fortschreitender »Kannibalisierung« in Blechobjekte und Phantasieskulpturen. Den skelettartigen Umrissen entschlüpfen Fabelwesen, die uns an Drachen, Echsen, Fledermäuse oder fliegende Fische erinnern. Abrüstung könnte Kunst sein, fehlt nur die (politische) Kunst der Abrüstung.

Mit der industriellen Zweckform verflüchtigen sich die militärischen Insignien und Embleme des U. S. Ikarus ins Surreale. Schon gäbe es für den Luftfahrtarchäologen von morgen eine Menge verstümmelter Zahlen und Wortfragmente zu entschlüsseln. Da hat sich beispielsweise am Bug eines ramponierten Düsenbombers die US AIR FORCE in eine US AIR ORCE verwandelt. An den kaputten Leitwerken einiger Grumman Albatros lesen wir mysteriöse Hieroglyphen. Nur der Fachmann wüßte die Kürzel wie RFOLK, SHINGTON oder ANNAP richtig als letzte Heimatbasen (NORFOLK, WASHINGTON, ANNAPOLIS) der abgelegten Marineflugzeuge zu deuten.

Als MASDC-Manager sieht die U. S. Air Force diesen Friedhof ohne Frieden anders, nämlich in der Optik ihres Verteidigungsauftrags. In einem Informationstext preist sie die Altmaterialsammlung im Wert von rund fünf Milliarden Dollar als die große Sparbüchse des Pentagon. Zwischen 60 000 bis 80 000 Einzelteile fließen jährlich von hier aus in das technische Nachschubwesen, davon viele, die anderswo überhaupt nicht oder nur noch zu enormen Nachkosten beschaffbar wären. Auch Edelmetall steckt in den Maschinen: Golddraht zum Beispiel in bestimmten Elektroniksystemen, Platin im Werte von 2500 Dollar in einer einzigen Zündkerze der wuchtigen Pratt & Whitney oder Wright Cyclone Sternmotore. Alles in allem, so die offizielle Rechnung, ließen sich noch 25 Prozent der ursprünglichen Anschaffungskosten aus den Logistikleichen herausholen.

Was als Abwrackware übrig bleibt, bekommt die Initialien DPDO auf den Bug gepinselt – das Todesurteil. Auf dem Friedhof residiert ein Defense Property Disposal Officer, der den Rüstungskehricht meistbietend zum Einschmelzen veräußert. Gleich hinter dem Zaun hat sich ein Bestattungsunternehmer mit Kränen und Metallschneidern niedergelassen. Das Geschäft bei South Western Alloys floriert. Gerade stehen Restbestände der T-29 Convairliner zur Verschrottung an. Knapp 400 Exemplare dienten in den 50er und 60er Jahren bei den U. S. Luftstreitkräften als »fliegende Klassenzimmer« und Verbindungsflugzeuge.

Wie an einem Fließband, das ins Nichts führt, so werden nun die zweimotorigen Kolbenflugzeuge eines nach dem anderen abgebrochen. Baumuster, von denen wie bei der T-29 zivile Varianten existieren, werden mehr oder weniger intakt außer Haus verkauft. Ausgesprochene Kampfflugzeuge oder gar strategische Waffensysteme hingegen dürfen den Friedhof laut Dienstvorschrift nur in abgewracktem Zustand verlassen, »damit sie nicht in falsche Hände geraten« (so der MASDC-Text).

Von den abgetakelten Atombombern in der hinteren Ecke ist das kaum zu befürchten. Wie in einem Leichenschauhaus liegen dort 35 B-52 in Fünferreihen ausgebreitet auf dem Boden und lösen sich langsam in ihre Bestandteile auf. Die Verplankungen sind aufgerissen, die Rümpfe angesägt oder zerschnitten. Hohle Augenpaare blicken aus den Triebwerksgondeln. Hasen, Wildkaninchen, Klapperschlangen und anderes Wüstengetier haust zwischen abgeschabten Flugzeugblechen, die vor gar nicht allzu langer Zeit das atomare Schwert der Supermacht USA verkörperten.

774 »Stratofestungen« hatte Boeing von 1952 bis 1962 ausgeliefert. Stückpreis: acht Millionen Dollar, nach damaligem Kurs 32 Millionen DM. In den Hoch-Zeiten des Kalten Krieges waren die Interkontinental-Bomber mit dem Blitz-Emblem des Strategic Air Command (SAC) unter dem Cockpit 24 Stunden am Tag in der Luft. Bei ihren Alarmpatrouillen kutschierten sie den atomaren Holocaust um den halben Erdball. Bei einer Beinahe-Katastrophe am 16. Januar 1966 über der spanischen Mittelmeerküste regneten vier zylinderförmige Wasserstoffbomben von je 1,5 Megatonnen Sprengkraft (Vergleich: Hiroshima-Bombe 15 Kilotonnen) vom Himmel. Eine B-52 des SAC und ein Düsentanker waren beim Rendezvous in 10 000 m Höhe zusammengestoßen und explodiert.

Jetzt sind die Düsenriesen von 56 m Spannweite schon seit 1975 zur Ablösung fällig. Im Vergleich zur apokalyptischen Perfektion ihres Nachfolgers AMSA (Advanced Manned Strategic Aircraft) – einem Mach 2,2 Schwenkflügler für 50 Tonnen nuklearer Angriffslasten – gelten sie technisch als museumsreif. Da der von Rockwell International entwickelte B-1 Bomber auf sich warten läßt, verbleiben die letzten von rund 300 modernisierten B-52 G und H noch bis Ende des Jahrzehnts, wenn nicht des Jahrhunderts, als Lenkwaffenträger im Overkill-Arsenal des Pentagon.

Das Staatsbegräbnis der Alptraum-Bomber könnte sich dann sogar bis über das Jahr 2000 hinziehen. So jedenfalls steht es nach den derzeitigen Planungsvorgaben der Logistik-Computer in Washington zu erwarten. Fragt sich nur, ob die Programmierer so weit denken.

Leichenhaus der B-52/Tucson

Lockheed Super Constellation mit neuer Besatzung/Tucson

Torso einer C-47 (Dakota)/Tucson

Friedhofs-Panorama/Tucson

Schrott-Ikonographie/Tucson

Düsen-Skelette / Tucson

Douglas C-47/Tucson

Grumman E-2 Hawkeye/Tucson

Friedhofs-Panorama / Tucson

Hubschrauber-Insekten/Tucson

FRÜHE STÄTTEN DER WELTRAUMFAHRT
CAPE CANAVERAL NACH APOLLO

Mercury, Gemini, Apollo, Skylab – wie lange ist das her? Am Kap, wo alles anfing, hat die Vergangenheit schon begonnen. Die frühen Stätten der Raumfahrt in Amerika stellen sich als bröckelnde Betonensembles dar, die jetzt wieder von der Natur vereinnahmt werden. Der Zeit scheinbar weit entrückt, liegen sie funktionslos in der Dünenlandschaft von Cape Canaveral – wie abgeschriebene Requisiten eines gigantischen Science-Fiction-Dramas, von dem niemand weiß, wann, wie und wo es einmal endet.

Ein Leuchtturmwärter sowie einige Farmer lebten hier, als das Kriegsministerium in Washington die isolierte Landspitze an der Atlantikküste Floridas im Jahre 1947 als militärisches Sperrgebiet erwarb.

Die 7000 Hektar große Nehrung, von deren indianischen Ureinwohnern tausendjährige Grabstätten zeugen, war zum amerikanischen Gegenstück der ehemaligen deutschen Heeresversuchsanstalt Peenemünde an der Ostsee ausersehen. Ein Forscherteam unter Leitung Wernher von Brauns hatte dort vor und im 2. Weltkrieg die ballistische Fernrakete A-4 oder V-2 entwickelt. Es war – sehen wir vom Ursprung als NS-Rüstungsprojekt ab – eine Pioniertat, die die Raumfahrt aus dem Reich der Utopie in den Bereich des technisch Machbaren rückte. 1945 stellte sich von Braun mit seinen wichtigsten Mitarbeitern in den Dienst der Amerikaner, die sich – genau wie die Sowjets – brennend für Hitlers letzte Wunderwaffe interessierten. Eine verbesserte V-2 namens »Bumper« rumpelte am 24. Juli 1950 als erstes Raketenprojektil vom Erprobungsplatz Cape Canaveral in den Himmel.

Im Zeichen des Apollo-Booms, der bis zum Ende der 60er Jahre mit der Landung eines Amerikaners auf dem Mond gekrönt werden sollte, verwandelte sich der entlegene Küstenstreifen in ein Eldorado der Raumfahrtindustrie. Die zivile U. S. Weltraumbehörde NASA installierte sich mit dem heutigen J. F. Kennedy Space Center auf Merritt Island, einer dem Kap benachbarten Halbinsel.

Auf dem Weltraumbahnhof von Cape Canaveral (vorübergehend auch Cape Kennedy genannt) herrschte Tag und Nacht Betrieb. Bis zu einem Dutzend Trägerraketen wurden hier manchmal gleichzeitig für verschiedene Missionen hinter verkleideten Gerüsten zusammengesetzt, getestet und schließlich zum Countdown betankt. Am Atlantischen Ozean reihte sich eine Abschußstation an die andere. Mit jeder neuen Raketenfamilie wuchsen die Montagetürme immer klotziger in den Himmel – wie eine irdische Stufenleiter zum Mond. Jeder dieser Montage- und Startplätze bildete praktisch einen Industriekomplex, wie es die NASA auch im Fachbegriff Launch Complex ausdrückt. Auf der Durchgangsstraße, die von der Südspitze des Kaps mit dem Leuchtturm nach Norden führt, rollen wir jetzt an den aufgegebenen Startkomplexen vorbei. Die rostenden Service-Türme wurden wegen Einsturzgefahr gesprengt. Die Fundamente und Betonstrukturen versanden allmählich. Auf den unterirdischen Kontrollbunkern wächst Gras. Kugelförmige Tanks für den flüssigen Raketentreibstoff ragen wie mythologische Reliquienbehälter in die Lagunenwelt.

Zum Gedenken an das Mercury-Programm von 1961/63 erhebt sich am historischen Complex 14 das astronomische Symbol des Planeten Merkur. Eine Sieben im Kreis erinnert an Amerikas erste sieben Astronauten. Zu Füßen des vier Meter hohen Standbildes aus rostfreiem Stahl liegen unter einer Bronzeplatte Filme, Fotos und wissenschaftliche Niederschriften über die verschiedenen Mercury-Flüge. Die Dokumente sind als Rechenschaftsbericht für das dritte Jahrtausend bestimmt. Nach dem Willen der Denkmalsstifter sollen die Kassetten erst im Jahre 2464 ausgegraben werden. Offenbar schwebte ihnen eine feierliche Testamentseröffnung zum 500jährigen Mercury-Jubiläum vor Augen, was wohl von der Voraussetzung ausging, daß das Raumschiff Erde in der Zwischenzeit durch seine hausgemachte Raumfahrttechnik keine bleibenden Schäden erleidet. Doch nun, im Zeitalter der Raumkreuzer, Killersatelliten, Laserkanonen, ufert der Rüstungswettlauf der Supermächte zusehends ins Weltall aus. Beim derzeitigen politischen Zustand des Globus erscheint es nicht mehr ausgeschlossen, daß der Aufbruch zu den Sternen noch nicht einmal 50 Jahre nach Mercury und Wostok mit einem kosmischen Hiroshima endet: Kain und Abel als Astronauten.

Am Startplatz 19 stoßen wir auf eine Gedenktafel mit den Namen der Gemini-Piloten. Direkt am Ausgangspunkt der zehn bemannten »Zwillings«-Missionen von 1965/66 steht die tote Abschußrampe. Der Starttisch mit den Greifern für die 33 m hohen Titan II Raketen hat sich in ein mysteriöses Stahltor verwandelt. Der Nabelturm mit Blitzableiter, roten Flugwarnlampen und Versorgungssystemen liegt niedergekippt auf der zweistöckigen Betonplattform. Die rote Mennige an den Gittermasten glänzt im Regen, die Verkleidungsbleche klappern im Wind. »Abandon in Place« steht an dem Gemini-Torso; eine Jahrtausendruine, die das Weltraumzeitalter von Cape Canaveral ganz gewiß überdauert.

Am Startkomplex 34 erinnert eine andere Gedenktafel an das bisher schwerste Unglück im Raumfahrtprogramm der USA. Am 27. Januar 1967 wurde hier für die erste bemannte Apollo-Mission ein Start simuliert, als in der hermetisch abgeschlossenen Kommandokapsel ein Brand ausbrach. Die Besatzung des Raumschiffs mit den drei Astronauten Grissom, White und Chaffee erstickte hilflos an der Spitze ihrer Trägerrakete.

Am Schauplatz der Tragödie erhebt sich auf vier Beinen der wuchtige Abschußtisch für die 70 m hohe Saturn IB. Wüßte man nichts vom profanen Verwendungszweck des flammengeschwärzten Betongebildes, man könnte es frei nach Däniken für einen Sonnentempel der raketenfahrenden Götter halten. Betrachten wir die kreisförmige Anlage mit dem vermeintlichen Astro-Altar im Zentrum aus der Vogelperspektive, so drängt sich der Vergleich mit einem vorgeschichtlichen Heiligtum à la Stonehenge von selbst auf.

»Eine Einwegrakete wie die Saturn wird es nie mehr geben. Es ging zu viel verloren«, sagt uns Dr. Kurt Debus, heute am Cape Canaveral der prominenteste Oldtimer aus Peenemünde. Weiter nördlich am Complex 39, dem Ausgangsort der bemannten Mondexpeditionen, errichtete Debus der mächtigen Saturn V ein Denkmal. Anders als die früheren Weltraumraketen wurde dieses dreistufige Supervehikel von

3402 t Startschub nicht mehr monatelang an der Rampe zusammengesetzt und überprüft, sondern in einem gigantischen Hangar. Das Vertical Assembly Building (VAB) auf Merritt Island entthronte die Cheopspyramide nach 45 Jahrhunderten als das an Volumen größte Bauwerk der Erde. Mangels Vergleichsmöglichkeiten sieht man dem würfelförmigen Koloß von 218 m Länge und 158 m Breite nicht ohne weiteres an, daß er mit seinen 160 m Höhe an die Turmspitze des Kölner Doms heranreicht. Ringsherum breitet sich die Marschlandschaft flach wie ein Plättbrett aus. Hinter der Aluminiumverkleidung verbirgt sich ein 57 000 t Stahlskelett, das auf 4 225 Stahlpfeilern ruht. Mit ihren 132 Millionen Kubikmetern Rauminhalt könnte die NASA-Kathedrale mühelos das Pentagon, den UNO-Wolkenkratzer und noch einiges mehr dazu schlucken. Vom VAB brachte ein elektrisch betriebenes Raupenfahrzeug namens Crawler die 111 m hohe Saturn V/Apollo Kombination startfertig zur Abschußrampe 39A ans Meer – im Schneckentempo von 1,6 km/h. Die Ladung wog einschließlich Raketenplattform und Nabelturm rund 7700 t. Zum letztenmal setzte sich eine solche Saturn-Prozession in Bewegung, als eine dreiköpfige U. S. Astronautencrew am 15. Juli 1975 zum Rendezvous mit dem russischen Raumschiff Sojus abhob. Für bemannte U. S. Raumfahrt endete damit die Verwendung von Wegwerfraketen zugunsten des wiederverwendbaren Space Shuttle: ein völlig neuartiges Trägersystem, das eine Mischung von Rakete und Lastensegler darstellt.

Dr. Debus, der das bewegliche Startverfahren als erster Direktor des Weltraumbahnhofs erdacht und verwirklicht hatte, ging in Pension. Complex 39 wurde mit seinen Montage- und Startanlagen zur Operationsbasis für die Weltraumfähre umgebaut.

Am VAB, wo jetzt die Treibstofftanks des Space Shuttle montiert werden, liegt als Leitfossil der Apollo-Ära eine Saturn V aufgebahrt. Das Aluminiummonster von 10 m Durchmesser – der Stückpreis lag bei 248 Millionen Dollar – ist jetzt nur noch als Kulisse für Andenkenfotos gut. Früher oder später wird es der Oxydierung anheimfallen; der Weg vom technisch-mathematischen Wunder zum Wrack wird immer kürzer.

Touristenbusse rollen von morgens acht Uhr bis Sonnenuntergang durch das J. F. Kennedy Space Center. Es verfügt über ein großzügig ausgestattetes Vortrags- und Ausstellungszentrum. Im Stil einer permanenten PR-Veranstaltung bringt die NASA hier ihr Weltraumprogramm nebst allen Segnungen an den amerikanischen Steuerzahler. Disney World, Floridas Touristenmagnet Nummer eins, nur eine gute Autostunde entfernt, sorgt ganzjährig für Zulauf. In einem Souvenirshop von der Regalfläche eines mittleren Supermarkts wird die Weltraumfahrt en détail vermarktet. Das Angebot geht von imitierten Raumanzügen über Kochbücher mit Lieblingsrezepten der Astronauten bis zu einer Kitschkollektion von Bierseideln mit den offiziellen NASA-Emblemen aller Apollo-Flüge. Nachgemachtes Mondgestein aus Plastik dient zur Dekoration einer astronautischen Schreibtischgarnitur; das Space Shuttle konnte man schon vor dem Jungfernflug in zahllosen Miniaturausführungen als Anhänger, Schlipsnadel, Schlüsselanhänger oder von innen beleuchtbare Nachttischlampe erwerben.

Im sogenannten Rocket Garden (»Raketengarten«) wird der Nachlaß Wernher von Brauns zur Schau gestellt: sieben verschiedene Weltraumprojektile, die in den 50er und 60er Jahren Schlagzeilen gemacht hatten. An den Spitzen festgezurrt, in Beton fundamentiert, blicken sie in einer Grünanlage senkrecht gen Himmel. Die Weltraumtechnologie ist über diese Juno, Redstone, Titan, Atlas oder wie sie sonst hießen längst hinweggerollt. Übrig blieb ein phallokratischer Säulen-Komplex, dem das wärmende, mütterliche Dach fehlt.

Complex 34 (Apollo)/Cape Canaveral

Complex 34 (Apollo)/Cape Canaveral

Complex 34 (Apollo)/Cape Canaveral

Complex 34 (Apollo)/Cape Canaveral

Complex 34 (Apollo)/Cape Canaveral

Complex 19 (Gemini)/Cape Canaveral

Complex 19 (Gemini)/Cape Canaveral

Complex 19 (Gemini)/Cape Canaveral

Complex 19 (Gemini)/Cape Canaveral

Complex 19 (Gemini)/Cape Canaveral

Complex 19 (Gemini)/Cape Canaveral

»Rocket Garden«/Merritt Island

MORSCHE MEILER
DIE RUINEN DES ATOMSTAATES

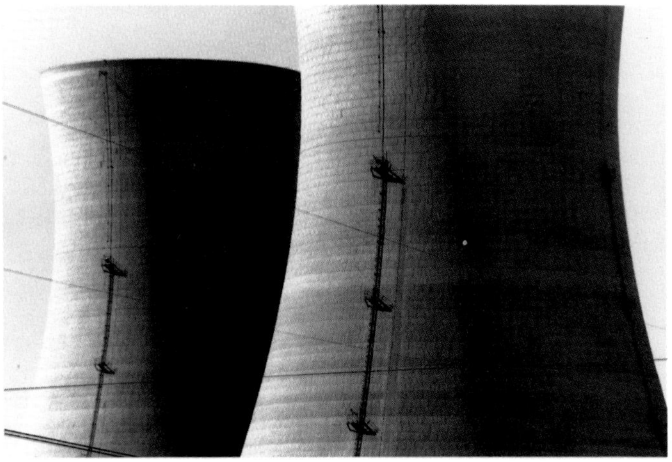

»Das Kraftwerk Isar (KKI) wurde in der Gemarkung Ohu am linken Ufer der Isar, etwa 14 km flußabwärts von Landshut in Niederbayern errichtet. In unmittelbarer Nachbarschaft befindet sich das Wasserkraftwerk Niederaichbach.«

Unübersehbar am 130 m hohen Schornstein steht auf benachbartem Grund noch das Kernkraftwerk Niederaichbach (KKN). Wo in buntbebilderten PR-Texten (wie dem oben zitierten KKI-Prospekt) von Kernenergie als »Energie für die Zukunft« die Rede ist, paßt es nicht so recht in die Landschaft. Das Kernkraftwerk Niederaichbach hat seine Zukunft schon hinter sich. Es ist Deutschlands älteste Kernkraftruine, aber nicht die einzige.

In Grundremmingen an der Donau, etwa 40 km nordöstlich von Ulm, verstarb das erste kommerziell genutzte Atomkraftwerk in der Bundesrepublik. Im Emsland ruht unter einer eiförmigen Betonhülle der 250 MW Siedewasserreaktor des Kraftwerks Lingen. Alle drei Meiler, durchweg Projekte der ersten Stunde, hatten nach noch nicht einmal 15 Jahren schlapp gemacht, obwohl die Elektrizitätswirtschaft die Lebensdauer nuklearer Dampferzeuger allgemein auf 30 bis 40 Jahre veranschlagt.

Anders als konventionelle Wärmekraftwerke altern Uranbrenner nicht allein durch Materialermüdung und Korrosion. Lebenswichtige Komponenten wie der Reaktordruckbehälter, Brennstoffhüllen oder Röhrensysteme werden durch die Neutronenbestrahlung langsam brüchig. Der damalige Bundesforschungsminister Hans Matthöfer gab 1977 in einem Interview zu bedenken, ob man die Versprödungsvorgänge nicht unterschätzt, d. h. die voraussichtliche Betriebszeit der Reaktoren nicht überschätzt habe.

In Niederaichbach blieb dem Schwerwasser-Druckröhren-Reaktor zum Verspröden keine Zeit. Er hat nie richtig funktioniert, das Kraftwerk fuhr ganze 18,3 Tage auf Vollast. Siemens, der Bund und der Freistaat Bayern hatten die Demonstrationsanlage zur Verwendung von Natur-Uran als Brennstoff zwischen 1966 und 1972 in die Isarauen gesetzt. Kosten: 230 Millionen Mark, davon 140 Millionen Mark Steuergelder. Nach anderthalbjährigem Probelauf wurde das »nutzlose Monster« (Die Zeit) am 31. Juli 1974 sang- und klanglos abgeschaltet und ein halbes Jahr später außer Betrieb gesetzt.

Die Brennstäbe gingen zurück ins Kernforschungszentrum Karlsruhe; das schwere Wasser im Wert von 74 Millionen Mark – gewissermaßen die Bremsflüssigkeit beim radioaktiven Spaltungsprozeß – fand in Japan einen Abnehmer.

Was im »heißen« Kraftwerksteil an technischer Ausrüstung und sonstigem Inventar zurückgeblieben ist, lagert jetzt im Reaktorhaus unter »gesichertem Einschluß«. Die anderen Gebäude der trutzigen Betonburg sind leer geräumt, der Turbinensatz wurde ausgebaut und an ein Braunkohlekraftwerk verkauft. Man könnte sie als Lagerhallen nutzen, aber niemand wollte mieten.

Im 250 MW Block A von Grundremmingen signalisierte am 7. Januar 1977 ein Kurzschluß mit anschließender Überflutung von radioaktivem Wasser den Anfang vom Ende. Bei einer Inspektion zeigten sich Risse im Dampferzeuger. Auch verschiedene Herzstücke der Sicherheitsauslegung wie Notkühlung, Notsteuerung oder Feuerlöschanlage genügten nach zwölf Betriebsjahren nicht mehr den Anforderungen. Das behördlich verordnete Ertüchtigungsprogramm summierte sich schließlich auf 250 Millionen Mark. Den Kraftwerkseignern erschien eine so hohe Investition »auf gut Glück« ohne amtliche Garantie für einen langfristigen Weiterbetrieb nicht vertretbar.

Ebenfalls im Januar 1977 machte das Kernkraftwerk Lingen wegen Rissen im Dampfumformer und Defekten im Notkühlsystem dicht. Man sprach zunächst von einer gründlichen Runderneuerung, doch die zu erwartenden Kosten von 150 Millionen Mark machten das Vorhaben hinfällig.

Allerdings: Weder in Niederaichbach, Lingen noch anderswo lassen sich ausgediente Atomanlagen so einfach ex-und-hopp von der Bildfläche zaubern. Man kann ihnen nicht wie einem abgeschriebenen Hochofen mit Azytelenbrennern und Preßlufthämmern zu Leibe rücken. Morsche Meiler strahlen weiter, je länger sie gebrannt haben, um so heftiger. Nach dreijähriger Betriebszeit, so haben Wissenschaftler ermittelt, birgt ein 1300 MW Atomkraftwerk soviel Radioaktivität wie 4000 Hiroshima-Bomben. Aus der von Kühlmitteln umströmten aktiven Zone im Inneren des Reaktors, dem sogenannten Core, gelangen radioaktive Partikel und Aerosole in den Primärkreislauf. Druckbehälter, Dampferzeuger, Pumpen- und Röhrensysteme werden durch die Neutronenbestrahlung selbst aktiviert. Andere Einbauten verseuchen samt ihren Fundamenten und Betonschilden durch radioaktive Ablagerungen. »Wer sie betritt, verbrennt«, warnte die »Welt am Sonntag« unter der Überschrift »Wohin mit den Atomruinen?«.

Damit die gefährlichste Radioaktivität abklingt, läßt man sie erst mal zubetoniert in der Landschaft stehen. Zehn Jahre, dreißig Jahre, fünfzig Jahre, hundert Jahre? Das bleibt im Einzelfall offen. In den westlichen Industrieländern lag der Ruinenbestand 1980 bei 38, davon 28 in den USA. Er wird sich bis zum Jahre 2000 verdoppeln bis verdreifachen. In der Bundesrepublik erreichen bis dahin noch elf Reaktoren die technische Altersgrenze.

Geradezu krebsartig wuchert der Atomfriedhof im dritten Jahrtausend. Dann gehen 224 Kernkraftwerke ihrem Ende entgegen, die Mitte 1979 mit einer Gesamtleistung von 124 586 Megawatt in Betrieb waren. Davon entfallen 72 Ruinen auf die USA, 28 auf die UdSSR, 23 auf das siebzigmal kleinere Japan.

Was uns im industriellen Ballungsgebiet Westeuropa erwartet, läßt sich der Bundestagsdrucksache 8/1977 entnehmen. Wir finden darin alle fertiggestellten oder im Bau befindlichen Kernkraftwerke im Bereich der neun EG-Länder aufgelistet, dazu das angenommene Jahrzehnt ihres Hinscheidens. Von 1981 bis zum Jahre 2000 stehen danach 31 Reaktoren zur Stillegung an, im folgenden Jahrzehnt wären es nochmal 37. Ab 2010 wären nochmals 13 Veteranen aus dem Bauprogramm 1981/1984 wegen Altersschwäche fällig.

Zusammen mit den vorhandenen acht Nuklearruinen hätten sich also im Bereich der EG in weniger als einem halben Jahrhundert 89 atomare Spukschlösser angesammelt, von denen heute niemand weiß, wann und wie man sie gefahrlos wieder loswerden wird. Die Vision tausendjähriger Kernkraftnekropolen drängt sich auf: zumindest was die Dauerhaftigkeit anbetrifft, ist ihre kubistische Betonarchitektur über jeden Zweifel erhaben. »Ein solcher Bau hält mindestens so lange wie die ägyptischen Pyramiden«, schwärmte der Sprecher einer Reaktorfirma.

Nach dem Bundesatomgesetz sind die Kraftwerkseigner verpflichtet, die giftigen Leichname zu beseitigen. Praktische Erfahrungen gibt es in Europa bisher nur bei der Teildemontage kleinerer Versuchsreaktoren wie z. B. in Lucens (Schweiz) und Großwelsheim (Bundesrepublik). Einzig in den USA wurde bislang in Elk River, Minnesota, eine 58 MW Anlage von 1972 bis 1974 total abgewrackt.

Nun will Projektleiter Hans Gallenberger in Niederaichbach demonstrieren, wie sich ein industrielles Kernkraftwerk gefahrlos für Mensch und Umwelt einebnen läßt. 1985 könnten dort eventuell wieder bayerischer Radi angepflanzt weden, kündigte er an.

Das zum Pilotprogramm hochstilisierte Abbruchunternehmen – veranschlagte Kosten 80 Millionen Mark – steht schon in der Planungsphase. Derzeit entwickelt eine Würzburger Spezialfirma ferngesteuerte Schweißapparate, Fräsen, Greifarme und Sägen, mit denen der verseuchte Reaktor ausgenommen und in transportable Trümmerstücke zerkleinert werden soll. Wertvolles Know-how verspricht sich Gallenberger für ein besonders heikles Problem bei der Reaktordemontage: die staubfreie, stückchenweise Sprengung des biologischen Schildes, der in Niederaichbach 1,50 m dick, aber etwa 60 cm tief aktiviert ist. Alles in allem geht es beim KKN um rund 1200 t verstrahlten Schrott und anderes Risikomaterial, das hier nach und nach zerlegt und zum Versand in Fässer einzementiert werden soll. Dazu kommen noch 600 bis 700 t aktivierten Betons aus einer Baumasse von insgesamt 130 000 t.

Allerdings weiß Gallenberger nicht, wann er seinen Abraum loswerden wird. Das Problem einer Endlagerung in Gorleben oder anderswo schwebt weiter im Ungewissen. »Das ist also, als wolle man den Kölner Dom per Paketpost an eine unbestimmte Adresse verschikken«, mokierte sich »Der Stern« in einer Reportage über das »Staatsbegräbnis für 310 Millionen«.

Im Vergleich zu den heutigen Megawatt-Kathedralen wäre Niederaichbach mit 100 MW installierter Leitung eher als eine überdies erst mild verstrahlte Dorfkapelle zu beschreiben. Bei einem 1300 Megawatt Druckwasserreaktor gäbe es, unter völlig anderen Strahlungsrisiken, allein etwa 6500 t an aktivierten oder kontaminierten Stahleinbauten zu demontieren.

»Am Großobjekt fehlt jedoch die praktische Erfahrung«, weiß Sicherheitsexperte Wilhelm Sahl vom Bundesinnenministerium. Das gilt gleichermaßen für die Abrißtechniken, den Strahlenschutz des Personals wie die Kostenrechnung. »Bild der Wissenschaft« interviewte dazu den Bonner Beamten. Kernsätze: »Die Bewältigung der meisten Probleme ist noch ein Zukunftsziel... Untersuchungen noch weit von einem Abschluß entfernt... Noch ein großer Schritt zu bewältigen.« Nebelhafte Vorstellungen herrschen bei Industrie und Bürokratie darüber, was die Stillegung und Beseitigung der Kernkraftkadaver einmal kosten könnte. Sahl: »Da gehen die Meinungen noch etwas auseinander. Nach Schätzungen von amerikanischen und deutschen Fachleuten etwa 20 bis 30 % der Investitionskosten für das nukleare Dampferzeugungssystem; das sind immerhin einige 100 Millionen Mark.« Der U. S. Kongreß in einem Report: irgendwo zwischen 31 und 100 Millionen Dollar. Da die vorläufige Einbetonierung am billigsten kommt, gibt Sahl den Ingenieuren und Wissenschaftlern zur Lösung aller Fragen, »grob gesagt, ein halbes Jahrhundert, wobei ich davon ausgehe, daß Reaktoren wie etwa Biblis 30 Jahre betrieben werden – wenn nichts dazwischen kommt«.

Wenn... Meilenweit sichtbar ragen vier vasenförmige Kühltürme aus dem Tal des Susquehanna River im U. S. Bundesstaat Pennsylvania. Aus allen Himmelsrichtungen weisen sie den Weg zum »teuersten Mausoleum der Welt«, wie die verseuchte Nuklearzentrale Three Mile Island (TMI) seit dem Reaktorunglück von Harrisburg genannt wird.

Den Bewohnern der angrenzenden Kleinstadt Middletown haben sich Datum und Uhrzeit buchstäblich ins Gedächtnis eingebrannt: Mittwoch, 28. März 1979, vier Uhr morgens. Im Block TMI 2 (TMI 1 wird gerade mit Brennstoff gefüllt) gerät der 956-Megawatt-Druckwasser-Reaktor bei 98 % Nennleistung außer Kontrolle, auslösender Faktor: Zusammenbruch der Kühlwasserversorgung durch Ausfall von zwei Pumpen.

Die fatale Verkettung von menschlichem Versagen und technischen Pannen hatte jedoch schon zwei Wochen vorher unbemerkt bei Wartungsarbeiten im Sekundärkreislauf des quasi brandneuen Nukleargenerators begonnen. Im 100 t schweren Reaktorkern stiegen Hitze und Druck weit über den kritischen Siedepunkt. Die 177 urangefüllten Brennelemente drohten sich wie rotglühende Lava durch den Stahlbehälter zu fressen und beim Niederschmelzen mit einer tödlichen Giftwolke zu verdampfen. »Ein Bündel Tauchsieder in einem Kessel – und plötzlich ist das Wasser weg im Topf«, so beschrieb Sicherheitsexperte Sahl das Szenario des drohenden Super-GAU, für Atomtechniker der »größte anzunehmende Unfall«. Der wildgewordene Uranofen schaltete sich automatisch ab, das Notkühlsystem preßte tonnenweise Wasser in den überhitzten Druckbehälter. Radioaktive Dämpfe traten ins Freie. Es wurde Nuklearalarm gegeben, panikartig flüchtete die Bevölkerung von Middletown.

Ausgestorben liegt das Kraftwerk TMI jetzt auf seiner Insel zwischen den beiden Flußarmen: ein gestrandetes Schiffswrack mit vier überdimensionalen Schornsteinen. Touristen aus allen Teilen der USA reisen an, um das Kernkraftmausoleum zu bestaunen. Den Daheimgebliebenen kann man seinen Besuch in Three Mile Island durch allerlei Andenkenramsch wie entsprechend bedruckte T-Shirts oder Postkartengrüße vom Schauplatz »of the nation's worst nuclear accident«

dokumentieren. In wohlfeilen Broschüren berichten Lokalchronisten über die Tage der Angst.

Dicht vermummt, mit Atemmasken im Gesicht, inspizierten und filmten Techniker im Spätherbst 1980 die verseuchte Reaktorhalle. Der Betonboden war voller Wasserflecken und Chemikalien. Auf dem Videoband sah man einen geschmolzenen Telefonapparat. Sieben Jahre Zeit und bis zu einer Milliarde Dollar, so rechnet die Kraftwerksgesellschaft Edison Metropolitan, dürfte die Entgiftung und Generalreinigung von Three Mile Island kosten. An den beschädigten Reaktorkern, der immer noch eine Gefahr für die Umgebung darstellt, kommt man zwecks Strahlungsmessungen nicht vor Sommer 1985 heran. So bleibt vorläufig im ungewissen, ob das Menetekel von Harrisburg eines Tages repariert, abgerissen oder für Jahrhunderte einbetoniert werden wird.

Schlepper und Ausflugsdampfer – wir sind wieder in der alten Welt – tuckern auf der Donau an einer verwaisten Atomstadt vorbei. Nicht die leiseste Andeutung von Dampf kräuselt aus dem rotweiß angestrichenen Kamin. Ob das Kraftwerk abgeschaltet oder jungfräulich am Flußufer daliegt, läßt sich auf den ersten Blick nicht erkennen. Das Ortsschild Zwentendorf und die kaum benutzte Anfahrtsstraße liefern die Antwort: Vor uns liegt das »weltweit einzige Modell im Maßstab 1:1«, das »Museum für unnütze Technik«, das »Bruno-Kreisky-Denkmal« – alles Spitznamen für den eingemotteten 692-Megawatt-Reaktor bei Wien. Als ein »Optimum an Sicherheit« pries Direktor Alfred Nentwich Österreichs erstes Atomkraftwerk nach der Fertigstellung. Das hatte seinen Preis: 1,2 Milliarden Mark, beinahe doppelt so viel wie die ursprünglich veranschlagte Summe. Dennoch wurde die nagelneue Uranmaschine am 5. November 1978 bei einer Volksabstimmung für oder gegen die Inbetriebnahme mit 50,48 % Nein-Stimmen aufs tote Gleis geschoben. Fast genau zur Hälfte spaltete sich die Alpen-Republik an der Glaubensfrage, ob die Wachstumsgesellschaft ohne Atomstrom weiterwächst oder nicht. Die politische Atomruine an der Donau wird jetzt samt ihrer konservierten Innereien zu jährlich 13 Millionen Mark Unterhaltskosten für einen neuen Volksentscheid zur Disposition gehalten. Die Atomlobby einschließlich Denkmalsstifter Bruno Kreisky setzt auf einen Meinungsumschwung und auf Kernkraft aus Zwentendorf ab 1984 – wenn nichts dazwischen kommt.

Kernkraftwerk Three Mile Island/Harrisburg

Kernkraftwerk Three Mile Island/Harrisburg

Kernkraftwerk Three Mile Island/Harrisburg

Kernkraftwerk Zwentendorf/Österreich

Kernkraftwerk Niederaichbach/Bayern

Kernkraftwerk Niederaichbach/Bayern

LITERATUR- UND QUELLENVERZEICHNIS

ALLGEMEINES

Michael Avi-Yonath / Emil Graeling: Die Bibel in ihrer Welt, Konstanz 1960 (Fr. Rahn)
Kurt Benesch: Auf den Spuren großer Kulturen, Gütersloh 1979 (Lexikothek)
Warwick Bray / David Trump: Lexikon der Archäologie, Hamburg 1975 (Rowohlt)
Erich von Däniken: Zurück zu den Sternen, Düsseldorf 1969 (Econ)
J. Sprague de Camp: Die Ingenieure der Antike, Düsseldorf 1964 (Econ)
J. G. Leithäuser: Die zweite Schöpfung der Welt, Berlin 1957 (Safari)
Ivar Lissner: Die Rätsel der großen Kulturen, München 1979 (DTV)
Artur Müller / Rolf Ammon: Die sieben Weltwunder, Bern u. München 1972 (Scherz)
Fritz H. Rienecker (Hrsg.): Lexikon zur Bibel, Wuppertal 1960 (Brockhaus)
Zeitschriften: Bild der Wissenschaft, Hobby, Manager Magazin, Der Spiegel

VERDUN / MAGINOT-LINIE / ATLANTIKWALL

Patric Boussel: Führer zu den Landungsstränden in der Normandie, Paris 1974 (Presses de la Cité)
Philippe Carpentier: Arromanches et le débarquement allié du 6 juin 1944, Arromanches 1975
Jean Compagnon: Les plages du débarquement, Rennes 1979 (France Ouest)
Remy Desquesnes: Le Mur de L'Atlantique, Bayeux 1976 (Editions Heimdal)
Keith Mallory und Arvid Ottar: Walls of War, London 1973 (The Architectural Press)
Albert Speer: Inside the Third Reich, New York 1970 (Macmillan)
Hans Speidel: Invasion 1944, Berlin 1974 (Ullstein)
Paul Virilio: Bunker Archéologie, Paris 1975 (Centre Georges Pompidou)
Verdun: Illustrierter Führer durch die Schlachtfelder (1914–1918, Verdun o. J. (Les Éditions Lorraines Frémont)
Christian Zentner (Hrsg.): Der Frankreich Feldzug 10. Mai 1940, Daten, Bilder, Dokumente, Berlin 1980 (Ullstein)

»DAMPFFRIEDHOF« VON BARRY DOCKS

Geoffrey Freeman Allen: Luxury Trains of the World, London 1979 (Bison Books)
Reg Cade (Hrsg.): Cade's Locomotive Guide, Bletchly (Marwain)
H. C. Casserley: British Steam Locomotives, London 1974 (Warne)
Brian Handly: Graveyard of Steam, London 1974 (Allen & Unwin)

VERSUNKENE HÄFEN

Simon H. Adamson: Seaside Piers, London 1977 (Batsford)
Brian J. Ford: Allied secret weapons, New York 1971 (Ballantine)
Port Authority (Hrsg.): New York Port 1980–1981 Handbook, New York
West Pier Campaign: div. Broschüren, Brighton

FLUGZEUGTRÄGER

Antony Preston: Aircraft Carriers, London 1979 (Hamlyn)
Weyer: Flottentaschenbuch, München (Bernard & Graefe)

KOHLE UND STAHL

Wilhelm Dege: Das Ruhrgebiet, Braunschweig 1972 (Vieweg)
8. Europäischer Knappentag: Festbroschüre, Rümelingen 1979
Manager Magazin 6/1981: Stahlindustrie: Nur noch Schrott?
Merian 8/33: Ruhrgebiet, Hamburg 1980 (Hoffmann & Campe)
Volkmar Muthesius: Du und der Stahl, Berlin 1953 (Ullstein)
Gustav Adolf Wüstenfeld: Frühe Stätten des Ruhrbergbaus, Wetter 1975

AUTOFRIEDHÖFE

Michael Busse: Autodämmerung, Frankfurt 1980 (Fischer)
Erich Fromm: Haben oder Sein, Stuttgart 1976 (DVA)
Heinz Sponsel: Henry Ford, Gütersloh 1960 (Mohn)
Helmut Swoboda: Der Kampf gegen die Zukunft, Frankfurt 1980 (Fischer)

FLUGZEUGFRIEDHOF TUSCON

Peter M. Bowers: Boeing B-52 A/H Stratofortress, London 1972 (Profile)
William Green & Gordon Swanborough: Military Aircraft Directory, London 1975 (Warne & Co)
Karlheinz Kens: Die alliierten Luftstreitkräfte 1939–1945, München 1962 (Moewig)
Military Publishers: Davis-Monthan AFB The Old Pueblo, San Diego 1980
Dietrich Seidl: Flugzeuge '77, Stuttgart 1977 (Motorbuch)
U.S. Air Force Fact Sheet: MASDC – The Military's Moneysaver, Davis-Monthan AFB 1979

CAPE CANAVERAL

George Alexander: Moonport USA, J. F. Kennedy Space Center 1977
Michael Maegrith: Mondlandung, Stuttgart 1977 (Belser)
Otto Merk: Raumfahrt Report, München 1967 (Bruckmann)
NASA: Facts Book und div. Broschüren, J. F. Kennedy Space Center
U.S. Air Force: From Sand to Moondust, Cape Canaveral o. J.

ATOMRUINEN

Bild der Wissenschaft (Dez. 1979): Wohin mit den alten Kernkraftwerken?
Robert Jungk: Der Atom-Staat, Reinbek 1980 (Rowohlt)
Kernkraftwerk Isar (Hrsg.): Kernkraftwerk Isar, 1979
RWE (Hrsg.): Mehr Wissen über Strom und Kernkraft Nr. 14, Essen
Der Spiegel (Nr. 15/1979): Alptraum Atomkraft
John C. Staley / Roger R. Seip: A Time of Fear, Harrisburg 1979
Holger Strohm: Friedlich in die Katastrophe, Frankfurt/M. 1981 (Zweitausendeins)
Anton Zischka: Kampf ums Überleben, Düsseldorf 1979 (Econ)

MANFRED HAMM
geboren 1944 in Zwickau. Lebt als Fotograf in Berlin und Paris und arbeitet für deutsche und ausländische Zeitschriften und Kunstverlage. 1977 erschien der Bildband »Berlin – Landschaften einer Stadt«. Für seine Nicolai-Bildbände »Berlin —Denkmäler einer Industrielandschaft« (1978) und »Caféhäuser« (1979) erhielt er jeweils den Kodak-Fotobuchpreis.

ROBERT JUNGK
geboren 1913, Journalist und Zukunftsforscher, wurde nach dem Krieg durch seine Reportagensammlung »Die Zukunft hat schon begonnen« international bekannt. Speziell über die Gefahren der entfesselten Atomkraft schrieb er seinen Hiroshima-Bericht »Strahlen aus der Asche« und »Der Atom-Staat«. Er lebt in Salzburg und hat seit 1968 einen Lehrauftrag für Zukunftsforschung an der TU Berlin.

ROLF STEINBERG
geboren 1929, lebt als freier Journalist und Büchermacher in Berlin. Arbeitete nach Studien der Politologie, Geschichte und des Journalismus u. a. als Reporter bei internationalen Nachrichtenagenturen, Paris-Korrespondent des »Spiegel« und Verlagslektor.

Als spezielle Bild- und Textreportage über den Flugzeugfriedhof in Tucson veröffentlichten Manfred Hamm und Rolf Steinberg bei NICOLAI außerdem:
IKARUS AUF DEM SCHROTTPLATZ
62 Seiten mit 16 Abbildungen in Farbe und 45 im Duoton.